Vincenzo Costanzo

Tectos frios para melhorar o desempenho térmico dos edifícios de escritórios da UE

Vincenzo Costanzo

Tectos frios para melhorar o desempenho térmico dos edifícios de escritórios da UE

Uma investigação para diferentes climas e disposições de edifícios

ScienciaScripts

Imprint

Any brand names and product names mentioned in this book are subject to trademark, brand or patent protection and are trademarks or registered trademarks of their respective holders. The use of brand names, product names, common names, trade names, product descriptions etc. even without a particular marking in this work is in no way to be construed to mean that such names may be regarded as unrestricted in respect of trademark and brand protection legislation and could thus be used by anyone.

Cover image: www.ingimage.com

This book is a translation from the original published under ISBN 978-3-659-87090-3.

Publisher:
Sciencia Scripts
is a trademark of
Dodo Books Indian Ocean Ltd. and OmniScriptum S.R.L publishing group

120 High Road, East Finchley, London, N2 9ED, United Kingdom
Str. Armeneasca 28/1, office 1, Chisinau MD-2012, Republic of Moldova, Europe
Managing Directors: Ieva Konstantinova, Victoria Ursu
info@omniscriptum.com

Printed at: see last page
ISBN: 978-620-8-52921-5

*A todos os que me apoiaram durante os meus estudos e, em particular, **aos meus avós,** cuja sabedoria e amor incondicional ainda me guiam pelo caminho da vida*

Agradecimentos

Luigi Marietta e ao *Dr. Gianpiero Evola,* que me incutiram, desde estudante, a curiosidade e a paixão pela realização de uma investigação científica rigorosa com uma atitude de abertura de espírito.

Uma menção especial merece também o *Dr. Michael Donn,* que me permitiu viver uma experiência de trabalho/vida inestimável na fantástica Nova Zelândia e me forneceu algumas dicas que utilizei neste trabalho.

Resumo

Os materiais frios caracterizam-se por terem uma elevada reflectância solar r - capaz de reduzir os ganhos de calor durante o dia - e uma elevada emissividade térmica E que lhes permite dissipar o calor absorvido ao longo do dia durante a noite.

Apesar de o conceito de *telhados frios* - ou seja, a aplicação de materiais frios nas superfícies dos telhados - ser bem conhecido nos EUA desde a década de 1990, muitos estudos centraram-se no seu desempenho nos sectores residencial e comercial em várias condições climáticas nos países dos EUA, enquanto apenas alguns estudos de caso são analisados nos países da UE.

O presente trabalho tem como objetivo analisar os benefícios térmicos decorrentes da sua aplicação a edifícios de escritórios existentes localizados em países da UE. De facto, devido ao seu peso no parque de edifícios existentes, bem como à taxa muito baixa de construção de novos edifícios, a reabilitação de edifícios de escritórios é um tema de grande preocupação a nível mundial.

Após uma caraterização aprofundada do parque imobiliário existente na UE, o livro dá uma visão do balanço energético das coberturas devido a diferentes soluções tecnológicas, mostrando em que casos e em que medida as coberturas frias são preferíveis.

Uma descrição detalhada das propriedades físicas dos materiais frios e da sua disponibilidade no mercado fornece uma base sólida para a análise paramétrica efectuada através de modelos numéricos detalhados que visam avaliar o desempenho das coberturas frias para vários climas e configurações de edifícios de escritórios.

Com a ajuda de simulações dinâmicas, o comportamento térmico de edifícios de escritórios representativos do atual parque imobiliário da UE é avaliado em termos de conforto térmico e necessidades energéticas de ar condicionado. Os resultados, que consideram diversas variações das caraterísticas do edifício que podem afetar o balanço energético resultante, mostram que as coberturas frias são uma estratégia eficaz para reduzir as ocorrências de sobreaquecimento e, assim, melhorar o conforto térmico em qualquer clima. Por outro lado, são tidas em conta as potenciais penalizações de aquecimento devido a uma redução dos fluxos de entrada de calor através da cobertura, bem como o processo de envelhecimento dos materiais frios.

Por último, uma análise económica dos modelos com melhor desempenho mostra os limites da sua conveniência económica.

ÍNDICE DE CONTEÚDOS:

Nomenclatura

Variables

A	solar absorptance
COP	Coefficient of Performance
EER	Energy Efficiency Ratio
G	solar spectral distribution (W m^{-2} nm^{-1})
h_c	convective heat transfer coefficient (W m^{-2} K^{-1})
H	heat flux (W)
I	global horizontal solar irradiance (W m^{-2})
ITD	Intensity of Thermal Discomfort Index (°C h)
K	thermal conductivity (W m^{-1} K^{-1})
PE	Primary Energy (MWh)
PER	Primary Energy Ratio
q	specific heat flux (W m^{-2})
Q	final energy needs (Wh)
r	solar reflectance
R	thermal resistance (m^2 K W^{-1})
RWR	Roof to Wall Ratio
SRI	Solar Reflectance Index
T	temperature (°C)
U	thermal transmittance (W m^{-2} K^{-1})
y	year

Greek letters

α	thermal diffusivity (m^2 s^{-1})
ε	thermal emissivity
λ	wavelength (nm)
σ	Stefan-Boltzmann constant (5.67·10^{-8} W m^{-2} K^{-4})
τ	time (s)
Φ	relative humidity

Subscripts

f	foliage
g	ground
i	indoor
ir	infrared
lim	limit
max	maximum
min	minimum
o	outdoor
op	operative
s	summer
so	outer surface
sol	solar
w	winter

1. Introdução

O rápido crescimento da utilização de energia nos edifícios tem suscitado preocupações a nível mundial. A contribuição dos edifícios para o consumo total de energia a nível nacional, tanto residencial como comercial, tem aumentado constantemente e atingiu valores tão elevados como 40% nos países desenvolvidos, tendo ultrapassado outros sectores importantes como a indústria e os transportes [1]. Com o crescimento da população, o aumento diário da procura de serviços e níveis de conforto nos edifícios, juntamente com o aumento do tempo passado no interior dos edifícios, a procura de energia nos edifícios manterá certamente a tendência ascendente no futuro. Por esta razão, a eficiência energética nos edifícios é um dos principais objectivos na conceção e reabilitação a nível regional, nacional e internacional. Neste contexto, o tema dos Edifícios de Energia Zero (ZEB) tem recebido uma atenção crescente nos últimos anos, até se tornar parte da política energética de vários países. No entanto, embora os novos edifícios possam ser construídos com elevados níveis de desempenho, os edifícios mais antigos representam a grande maioria do parque imobiliário e têm predominantemente um baixo desempenho energético, necessitando, por isso, de obras de renovação. Com o seu potencial em termos de poupança de energia e de CO2, bem como de muitos benefícios sociais, os edifícios energeticamente eficientes podem ter um papel fundamental num futuro sustentável.

O presente capítulo começa com uma breve discussão sobre as definições e questões de ZEB, e, em seguida, desenvolve considerações sobre o atual parque imobiliário da UE e sobre o potencial para a sua reabilitação energética, enquadrando assim o tema de investigação deste livro.

1.1 Rumo a edifícios de energia quase nula (ou líquida)

O conceito de Edifício de Energia Quase Zero (nZEB) é um dos muitos movimentos de construção de baixo consumo energético que respondem às questões das alterações climáticas e da segurança energética. O conceito nZEB esforça-se por reduzir a procura de energia e, em seguida, compensar qualquer consumo de energia residual com tecnologias isentas de CO2. O objetivo principal da (re)conceção dos nZEB é reduzir o consumo de energia primária, de modo a ser igual ou inferior a qualquer energia renovável gerada. Este é um conceito importante, uma vez que aproximadamente 40% de toda a energia e emissões a nível mundial estão relacionadas com os edifícios. Se todos os edifícios fossem concebidos e operados de forma a serem nZE, a energia poderia ser utilizada por outros sectores, com um potencial aumento da segurança energética.

Na Europa, o artigo 9.º da EPBD (2010/31/UE) reformulada exige que [2]:

(i) até 31 de dezembro de 2020, todos os novos edifícios sejam edifícios de energia quase nula;

(ii) após 31 de dezembro de 2018, os novos edifícios ocupados e propriedade de autoridades públicas são edifícios com necessidades quase nulas de energia.

Alguns projectos exemplares de renovação não residencial demonstraram que o consumo total de energia primária pode ser drasticamente reduzido, juntamente com a melhoria da qualidade do ambiente interior, através de sistemas passivos e activos. Uma vez que a maioria dos proprietários (de imóveis) nem sequer tem consciência de que tais poupanças são possíveis, tende a estabelecer objectivos menos ambiciosos: os edifícios que são renovados com um desempenho medíocre podem ser uma oportunidade perdida durante décadas.

No entanto, um outro passo em direção ao chamado Edifício de Energia Zero Líquida (NZEB) é o desejo de conceber edifícios de uma forma sustentável [3]. Existe um debate considerável sobre a forma de definir esta abordagem de conceção, nomeadamente sobre a forma de calcular o equilíbrio entre a utilização e a produção de energia. De facto, em princípio, um NZEB poderia ser simplesmente um edifício tradicional cuja energia é fornecida por sistemas de produção de energia renovável de grande dimensão: se estes sistemas fornecerem uma quantidade de energia igual ou superior à que o edifício consome, então trata-se de um NZEB.

Obviamente, isto não implicaria uma redução da procura global de energia, uma vez que seria teoricamente possível fornecer tanta energia quanto a necessária através de fontes renováveis, pelo que *os edifícios devem ser de baixo consumo energético* e ter suficiente produção de energia renovável no local.

Um gráfico que explica o conceito de NZEB é apresentado na Fig. 1.1; nele se mostra como as necessidades energéticas dos edifícios de referência devem ser primeiro reduzidas (deslocando-se para a esquerda no eixo x da procura de energia) e depois cobertas por fontes de energia renováveis. Esta definição foi universalmente aceite.

Se o fornecimento de energia deve superar o balanço energético anual do edifício, falamos de *Edifícios de Energia Positiva/Plus.*

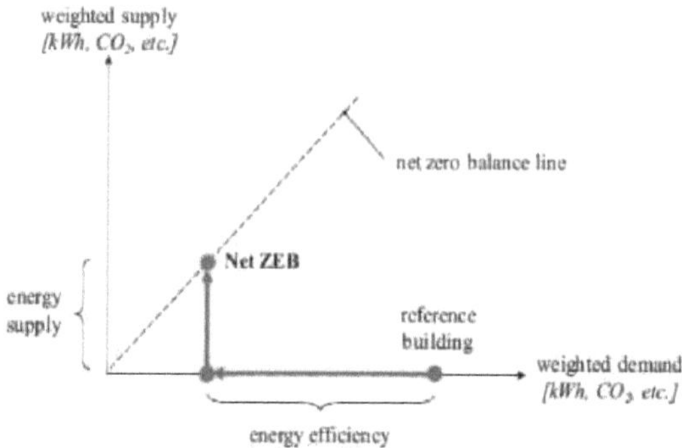

Figura 1.1: Gráfico que representa o conceito de equilíbrio NZEB [4]

O consenso tem sido mais difícil de encontrar no que respeita à métrica (ou seja, energia primária, emissões de carbono, ...) e ao que deve ser considerado no balanço (ou seja, utilização de energia devido ao funcionamento do edifício, energia incorporada nos materiais, ...), uma vez que estes aspectos conduzem a diferentes definições e, consequentemente, a diferentes resultados.

Por exemplo, os níveis de isolamento, o desempenho do sistema AVAC, o dimensionamento do sistema fotovoltaico ou de cogeração, etc., dependem diretamente do balanço NZEB.

A maior disputa diz respeito à questão de saber se o zero deve ser medido *no local* ou *fora dele,* e quais das quatro unidades ou métricas tradicionais relacionadas com a energia devem ser utilizadas (ver Fig. 1.2 para um esquema que descreve as fronteiras energéticas para o cálculo).

Torcellini et al. [5] efectuaram uma análise aprofundada sobre estas questões, identificando as seguintes definições:

(i) *Net Zero Site Energy,* um edifício que produz no local pelo menos tanta energia como a que consome num ano;

(ii) *Energia de fonte (primária) líquida zero,* a energia de fonte refere-se à energia primária utilizada para gerar e fornecer a energia ao local. Requer que a energia importada/exportada seja multiplicada por factores de conversão adequados entre o local e a fonte;

(iii) *Custos líquidos zero de energia:* o montante que o inquilino do edifício paga pelos serviços de energia deve ser igual ou inferior ao montante que a empresa de eletricidade paga pela exportação de energia do edifício para a rede;

(iv) *Emissões líquidas zero de energia/carbono:* as emissões dos edifícios provenientes de fontes de energia que produzem emissões devem ser inferiores às emissões equivalentes produzidas por fontes de energia renováveis (que não produzem emissões).

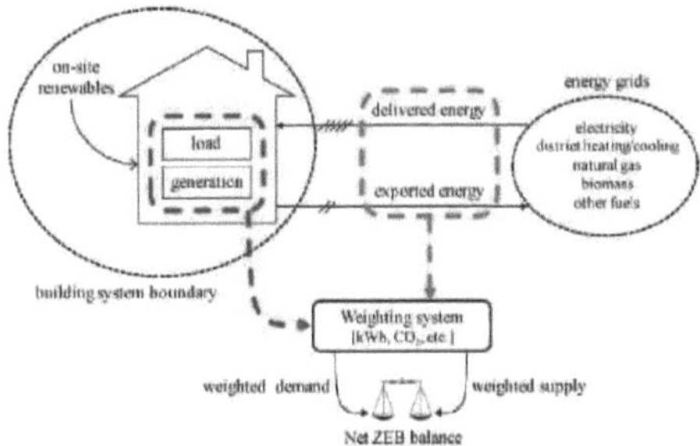

Figura 1.2: Ligações entre edifícios e redes de energia [4]

A importância de uma definição bem desenvolvida do NZEB é realçada quando se consideram os edifícios que estão a ser remodelados: em primeiro lugar, os projectos de remodelação são mais difíceis porque a geometria, dimensão e disposição do edifício são pré-determinadas e não necessariamente optimizadas para poupar energia. Em segundo lugar, muitas vezes todas as fontes de energia renováveis têm de estar situadas no local, e há falta de espaço para as alocar.

Alguns exemplos de NZEB bem sucedidos em todo o mundo são apresentados em [6], onde são discutidos 23 projectos selecionados, abrangendo diferentes tipologias funcionais e dimensões para ilustrar a implementação a diferentes escalas e em diferentes climas.

No que diz respeito ao sector dos edifícios de escritórios (no qual este estudo se centra, como será explicado nos parágrafos seguintes), vale a pena mencionar o projeto de renovação da sede da WWF em Zeist (Países Baixos, ver Fig. 1.3). Este edifício é considerado o primeiro edifício administrativo neutro em termos de carbono nos Países Baixos.

É eficazmente acondicionado através da utilização do calor de exaustão, que é armazenado no solo por meio de sondas geotérmicas, bem como por um sistema de arrefecimento passivo. Os colectores solares cobrem uma parte do calor necessário para o fornecimento de água quente, enquanto as restantes necessidades de água quente e aquecimento são cobertas por bombas de calor.

A fachada é revestida com telha cerâmica vidrada, suportada por uma estrutura de madeira e bainhas de painéis de madeira, que encerram uma caixa de ar com 24 cm de profundidade e uma camada isolante de lã mineral com 12 cm de espessura. A face interior é constituída por uma barreira de vapor e por uma camada de reboco de adobe com 5 cm de espessura.

Figura 1.3: Sede do WWF em Zeist [Internet]

Como grandes áreas da fachada são envidraçadas, a luz do dia pode penetrar profundamente nos escritórios e permite uma vista quase desobstruída da envolvente. As persianas horizontais de madeira sombreiam partes da fachada virada a sul nas alas de escritórios da parte antiga do edifício.

As janelas de abrir combinadas com abas de ventilação nos elementos de construção em madeira leve garantem uma ventilação natural durante todo o ano. As grandes áreas disponíveis para troca térmica permitem mudanças de temperatura homogéneas e ajudam a evitar mudanças bruscas de temperatura. Além disso, o adobe retém a humidade e melhora o clima interior.

Os parâmetros de procura calculados são fortemente reduzidos em relação ao ponto de partida, sendo agora a procura total de energia primária igual a 247 kWh m^2y^1 e a energia primária total gerada 326 kWh m^2y^1.

O Edifício Pixel em Melbourne (Austrália, Fig. 1.4) dá outro exemplo da viabilidade de projectos NZEB, num clima diferente. Neste caso, as estratégias passivas, como os guarda-sóis e a otimização da luz do dia, reduzem a necessidade de arrefecimento e aquecimento, enquanto os materiais recicláveis minimizam a quantidade de CO_2 produzida durante a construção do edifício. As matrizes fotovoltaicas e os geradores de energia das microturbinas eólicas no telhado são dimensionados para compensar todas as emissões de gases climáticos da bomba de calor de absorção de gás e das outras instalações de serviços do edifício.

Figura 1.4: Edifício Pixel em Melbourne [Internet]

As lajes de betão armado assentam nas paredes do núcleo sólido da escada e em três pilares de betão pré-fabricado no exterior da envolvente isolada da fachada oeste. As janelas recuam cerca de um metro para proporcionar uma proteção solar arquitetónica para a fachada que recebe muito sol durante as horas de trabalho.

A luz do dia é suficiente para entrar pelas janelas de altura total, evitando que a radiação solar direta aqueça excessivamente as divisões.

Para além da exploração inteligente da luz do dia, um sistema de iluminação energeticamente eficiente (lâmpadas fluorescentes) no escritório garante baixas cargas de calor: são reguladas em função da quantidade de luz do dia e ligadas a sensores de presença. Em todas as outras divisões, exceto nos escritórios, é utilizada iluminação LED.

Para arrefecer passivamente o edifício durante a noite, as janelas dos pisos superiores abrem-se automaticamente nas noites frias, permitindo que o ar frio flua através das lajes maciças do teto e retire o calor armazenado durante o dia.

As turbinas eólicas de eixo vertical no telhado são também uma caraterística única que torna o tema das energias renováveis claramente visível; não são afectadas pela mudança frequente da direção do vento e permitem uma produção uniforme de 1,7 kW de eletricidade a uma velocidade do vento de 8 m s^{-1}. O sistema de energia renovável é completado por um conjunto fotovoltaico de 38 m^2, montado em três seguidores solares (sistema de eixo duplo que segue o sol).

A procura de energia primária resultante é de 123 kWh m^2y^1, enquanto a produção de energia primária é igual a 84 kWh m2y1.

1.2 Parque imobiliário da UE

No âmbito dos actuais debates políticos a nível da UE, o Buildings Performance Institute Europe (BPIE) realizou um inquérito exaustivo em todos os Estados-Membros da UE, na Suíça e na Noruega, analisando a situação em termos das caraterísticas do parque imobiliário e das políticas em vigor. Este inquérito fornece uma imagem a nível da UE do desempenho energético do parque imobiliário e é a seguir designado como base para determinar as caraterísticas dos edifícios existentes [7].

Os países europeus foram divididos em três regiões, de acordo com as semelhanças climáticas, de tipologia de construção e de mercado:

(i)   Norte e Oeste;
(ii) Sul;
(iii) Centro e Leste.

Cada região, juntamente com a distribuição dos pavimentos e da população, é apresentada na Fig. 1.5.

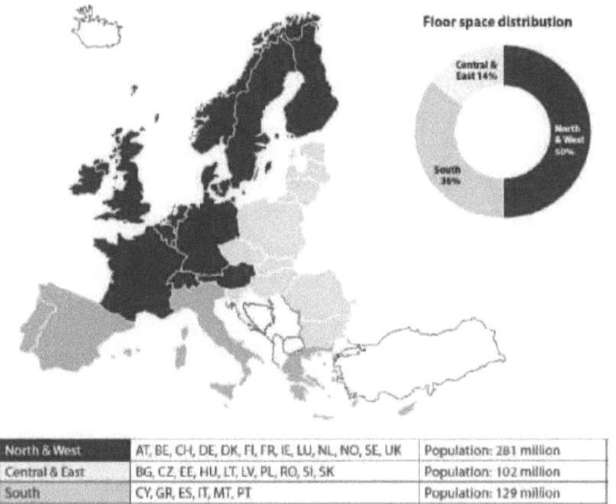

North & West	AT, BE, CH, DE, DK, FI, FR, IE, LU, NL, NO, SE, UK	Population: 281 million
Central & East	BG, CZ, EE, HU, LT, LV, PL, RO, SI, SK	Population: 102 million
South	CY, GR, ES, IT, MT, PT	Population: 129 million

Figura 1.5: Países da UE considerados no âmbito do inquérito BPIE, juntamente com a repartição da população e dos pavimentos [7]

Os cinco países mais populosos (França, Alemanha, Itália, Espanha e Reino Unido) representam cerca de 65% da superfície total, pelo que não é surpreendente constatar que a percentagem correspondente de população nestes países é igual a 61% do total.

O parque residencial é o segmento mais importante, representando 75% do parque edificado (ver Fig. 1.6); uma análise deste sector indica que 64% da área de pavimento residencial corresponde a habitações unifamiliares, enquanto os restantes 36% correspondem a blocos de apartamentos.

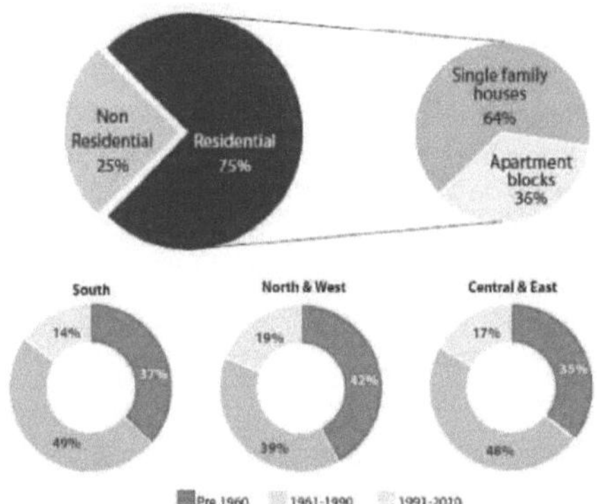

Figura 1.6: Repartição da tipologia da área útil (em cima) e categorização por idade (em baixo) na Europa [7]

A divisão entre os dois principais tipos de edifícios residenciais varia significativamente entre os países, mas partilham a mesma pequena taxa de novos edifícios anuais, que se aproxima de 1%

no período 2005-2010.

É importante saber que uma grande parte do parque imobiliário na Europa tem mais de 50 anos e que muitos edifícios ainda em funcionamento têm centenas de anos, tendo sido construídos numa altura em que a regulamentação em matéria de energia era muito limitada ou inexistente.

O relatório do BPIE incide também sobre a utilização final de energia no sector residencial no período 1990-2010, referindo que os agregados familiares europeus são responsáveis por 68% do total da utilização final de energia nos edifícios, sendo o aquecimento de espaços a utilização final de energia dominante.

A utilização final de energia no sector residencial em Mtep *(milhões de toneladas de equivalente de petróleo),* dividida em necessidades de combustíveis e eletricidade, é apresentada na Fig. 1.7 juntamente com os graus-dia de aquecimento (nominais e reais). Analisando esta imagem, é possível notar uma diminuição das necessidades de combustíveis (principalmente para aquecimento de espaços, que representa cerca de 70% da utilização final total de energia) e um aumento paralelo das necessidades de eletricidade (principalmente para arrefecimento de espaços). Uma explicação provável para estas tendências pode ser encontrada tanto no aumento dos níveis de isolamento das envolventes dos edifícios como no aumento da temperatura do ar exterior nas cidades (um fenómeno conhecido como *efeito de ilha de calor urbana).*

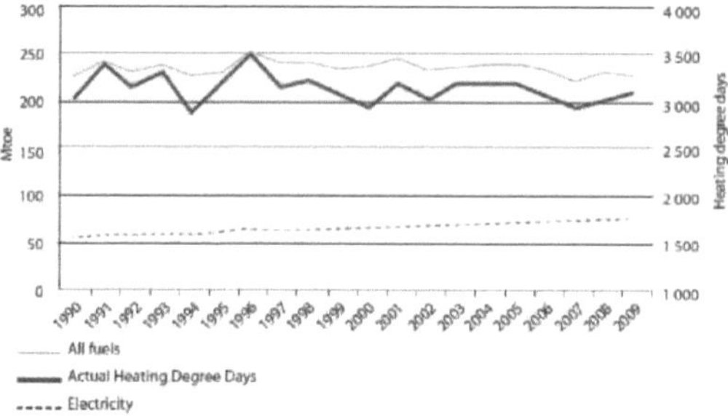

Figura 1.7: Utilização final de energia no sector residencial [7]

No que diz respeito ao sector não residencial, a compreensão da sua utilização de energia é complexa porque as utilizações finais, como a iluminação, a ventilação, o aquecimento, o arrefecimento, a refrigeração e os aparelhos, variam muito de sector para sector (instalações desportivas, comércio grossista e retalhista, hotelaria e restauração, hospitais, edifícios de ensino e escritórios). No entanto, estima-se que o consumo específico médio de energia (abrangendo todas as utilizações finais) deste sector seja de 280 kWh m ^{2}, cerca de 40% superior ao valor equivalente para o sector residencial.

Além disso, a procura de eletricidade neste sector aumentou tremendamente nos últimos 20 anos, em 74%, como mostra a Fig. 1.8, provavelmente devido a uma penetração crescente do equipamento de TI e dos sistemas de ar condicionado.

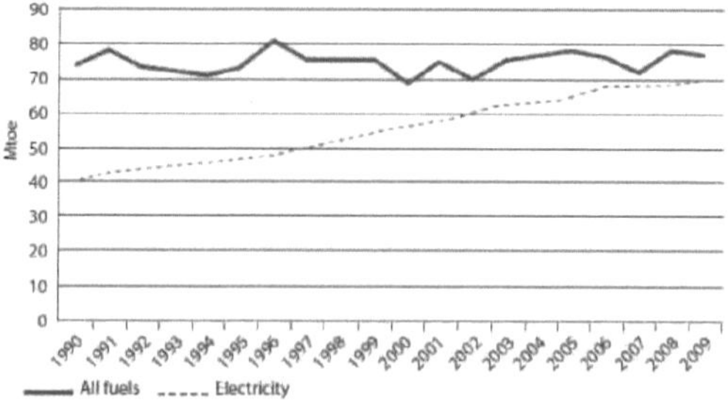

Figura 1.8: Utilização final de energia no sector não residencial [7]

Se olharmos para a percentagem da utilização total de energia por tipo de edifício (Fig. 1.9), verifica-se que os sectores dos edifícios de escritórios e comerciais são responsáveis por mais de 50% das necessidades energéticas, evidenciando assim uma grande oportunidade para a aplicação de medidas de poupança de energia neste tipo de edifícios, especialmente para reduzir as necessidades de eletricidade.

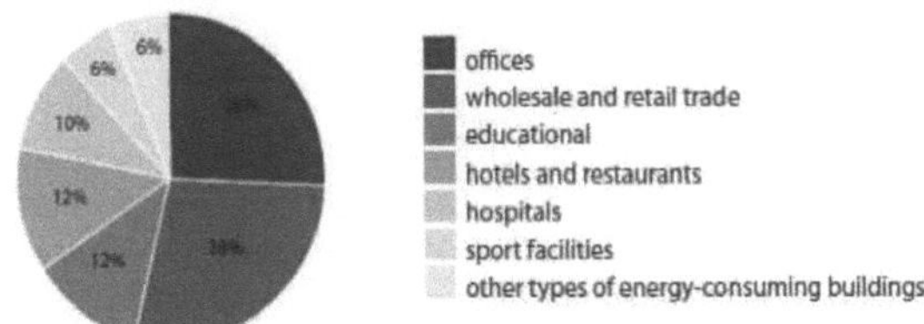

Figura 1.9: Percentagem da utilização total de energia no sector não residencial [7]

1.3 Caraterísticas do sector dos edifícios de escritórios nos países da UE-27

O interesse crescente no sector dos edifícios de escritórios é sublinhado por uma tarefa recente da AIE (Task 47: Renovation of Non-Residential Buildings towards Sustainable Standards, [8]), destinada a mostrar como o consumo total de energia primária pode ser reduzido através dos sistemas passivos e activos do edifício.

Os objectivos desta tarefa são *"desenvolver uma base de conhecimentos sólida que inclua: como renovar edifícios não residenciais de modo a que cumpram as normas relativas aos edifícios de energia zero líquida de uma forma sustentável e eficiente em termos de custos; formas de identificar questões importantes de mercado e de política; e estratégias de marketing eficazes para essas renovações"*.

Numa perspetiva europeia, um estudo muito completo e atualizado sobre o parque imobiliário da UE, com destaque para os edifícios de escritórios, é apresentado em [9],

Em primeiro lugar, é feito um reconhecimento da dimensão, idade e tipo de posse do parque imobiliário, com base em relatórios anteriores da UE, como TABULA, ENTRANZE, BPIE e Odyssee, e em entrevistas semi-estruturadas com instituições de investigação.

Em segundo lugar, é feita uma análise detalhada dos tipos de edifícios e construções, bem como do seu desempenho térmico e consumo de energia, dividindo o parque analisado em sete zonas climáticas diferentes.

Por fim, são desenvolvidos modelos energéticos de edifícios representativos de diferentes períodos de colheita como casos de base para o estudo de medidas de eficiência energética.

A informação recolhida durante a revisão da literatura foi apresentada numa base de dados criada especificamente para o projeto Inspire em formato Microsoft Excel, e encontra-se no Anexo I. Aqui são resumidas as principais conclusões, a maioria das quais é utilizada para criar os modelos de base para a avaliação energética efectuada no Capítulo 4 através de simulações térmicas dinâmicas.

No que diz respeito à área total de pavimentos, na UE-27 é de aproximadamente 1,25 mil milhões de m², dos quais 0,98 mil milhões de m² são aquecidos; a maior parte (cerca de 70%) situa-se nos seis maiores países (Espanha, Itália, França, Alemanha, Reino Unido e Polónia), o que reflecte a dimensão da população nestes países.

Sabe-se muito pouco sobre a idade do atual parque de escritórios e, em particular, sobre os edifícios construídos antes de 1980. No entanto, o que é claro neste estudo é que, embora uma grande parte do parque de escritórios seja anterior a 1980, o parque de escritórios é, em geral, mais jovem do que o parque residencial (ver Fig. 1.10 para a repartição por idade).

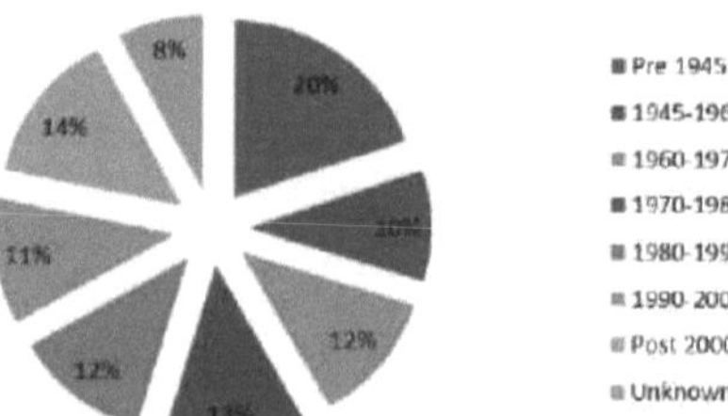

Figura 1.10: Repartição da construção por idades nos países da UE-27 [9]

A maior parte do parque de escritórios na UE-27 é de propriedade privada, variando em todos os países entre 30% e 84%; a parte restante é de propriedade pública. O tipo de propriedade representa um aspeto importante para os programas de renovação destinados a reduzir as facturas de energia, uma vez que os custos da instalação de medidas de reabilitação e os consequentes benefícios se aplicam aos mesmos indivíduos.

Os tipos de construção são praticamente os mesmos na maioria dos países - a estrutura de betão com paredes cortina é a mais comum - apesar de poderem apresentar diferentes números de pisos, diferentes formas ou tipos de escritórios. Este último aspeto torna o parque de escritórios muito difícil de categorizar; no entanto, o inquérito iNSPiRe encontrou três tipologias de construção principais baseadas no facto de as fachadas serem os componentes que mais afectam o comportamento térmico do edifício.

Estas tipologias são:

(i) paredes estruturais de tijolo: normalmente construídas antes de 1945 (fim da Segunda Guerra Mundial), são muitas vezes blocos de baixa altura;

(ii) estruturas de betão: os tijolos ou painéis de betão são utilizados principalmente no período de 1945-1964, enquanto as paredes-cortina se difundiram durante as décadas de 1970 e 1980;

(iii) estruturas de betão com cimento armado: as estatísticas mostram como estas estruturas dominam o stock e as fachadas-cortina são o tipo mais comum de fachada. A maior parte delas incorpora vidros.

As três categorias representam a base para o desenvolvimento de modelos térmicos destinados a dar uma visão alargada das necessidades energéticas de climatização (arrefecimento + aquecimento), iluminação e ventilação artificiais, e assim implementar medidas para a sua efectiva reabilitação. Os modelos são apresentados nas fichas técnicas seguintes e serão discutidos no Capítulo 4, onde se detalha a metodologia de caraterização do modelo "típico" utilizado para efeitos de simulação.

REFERENCE OFFICE 1	LOW-RISE MASONRY OFFICE BUILDING		
Sketch and picture			
Attribute	Quantity	Unit	Note
Number of floors	2		
Façade type and materials	Bearing brick walls: Gypsum plaster; Bricks; Air gap; Bricks		
Floor area per floor	1180	[m²]	
Ceiling height	3.8 / 3	[m]	Ground fl. / Above floors

Building width /depth	70.7 / 16.7 [m]	
UA-value of walls and roof / ground floor	3 500 / 5 000 [W/K]	
Roof type and materials	Flat concrete roof with bitumised surface: Ceiling board; Wood beams; Concrete slab; Bitumen	
Windows type	Double glazed	PVC frame
Windows-to-wall ratio / Frame-to-window ratio	50 / 24 [%]	
Windows U-value / g-value	3.1 / 76 [W/m^{2}K] / [%]	
Ventilation type	Natural ventilation	
Shading	Internal	

Figura 1.11: Edifício de escritórios 1 [9]

O Gabinete de Referência 1 representa uma categoria de edifícios construídos antes da década de 1970 e, mais tipicamente, durante as décadas de 1950 e 1960, embora os pequenos edifícios de escritórios tenham continuado a ser construídos em alvenaria. A construção principal consiste em paredes e lajes de pavimento feitas in situ. A estrutura é constituída por paredes de tijolo. A maioria dos edifícios é constituída por 2 pisos, com uma área total média de escritórios entre 1800 m^2 e 3000 m^2. Quando estes edifícios foram construídos, ainda não existiam requisitos legais em matéria de energia, uma vez que os regulamentos só começaram a entrar em vigor na década de 1970. A falta de isolamento das fachadas e dos telhados contribui para uma elevada necessidade de aquecimento. A produção de calor é efectuada por uma caldeira a óleo combustível ou a gás e distribuída por radiadores. A necessidade de arrefecimento depende da localização, pelo que é muito variável.

As janelas têm vidros duplos e sombreamento interior, enquanto a cobertura é constituída por uma laje plana de betão sobre vigas de madeira, com uma superfície betumada.

REFERENCE OFFICE 2	CONCRETE PANELS OFFICE BUILDING		
Sketch and picture			
Attribute	Quantity	Unit	Note
Number of floors	5 + basement		
Façade type and materials	Concrete cladding on concrete pillars and beams: Skim finish; Dry walling plasterboard; Air gap; Concrete panels		
Floor area per floor	793	[m^2]	
Ceiling height	3	[m]	
Building width /depth	61 / 13	[m]	
UA-value of walls and roof / ground floor	10 600 / 3 200	[W/K]	
Roof type and materials	Flat concrete roof with bitumised surface: Skim finish; Concrete slab; Bitumen		
Windows type / Frame ratio	Double glazed		Aluminium frame
Windows-to-wall ratio / Frame-to-window ratio	30 / 20	[%]	
Windows U-value / g-value	3.1 / 76	[W/m^{2}K] / [%]	
Ventilation type	Natural ventilation		
Shading	Internal		

Figura 1.12: Edifício de escritórios 2 [9]

Os edifícios representados pelo Gabinete de Referência 2 foram construídos principalmente entre 1945 e 1970, embora se tenham tornado mais típicos durante a década de 1960. Os edifícios desta categoria têm pouco ou nenhum isolamento e o número de pisos varia entre dois e sete, com uma área total média de cerca de 4000 m².

Existe também uma cave com estacionamento limitado, serviços de construção e espaço de armazenamento. Os painéis de revestimento em betão pré-fabricado sobre uma estrutura de betão formam a envolvente exterior do edifício, enquanto as janelas têm vidros duplos e sombreamento interior.

REFERENCE OFFICE 3	METAL AND GLASS FACADE OFFICE BUILDING		
Sketch and picture			
Attribute	Quantity	Unit	Note
Number of floors	5 + basement		
Façade type and materials	Aluminium and glass façade on concrete pillars and beams		
Floor area per floor	793	[m²]	
Ceiling height	3	[m]	
Building width / depth	61 / 13	[m]	
UA-value of walls and roof / ground floor	10 000 / 3 200	[W/K]	
Roof type and materials	Flat concrete roof with bitumised surface: Skim finish; Concrete slab; Bitumen		
Windows type / Frame ratio	Double glazed		Aluminium frame
Windows-to-wall ratio / Frame-to-window ratio	55 / 20	[%]	
Windows U-value / g-value	3.1 / 76	[W/m²K] / [%]	
Ventilation type	Natural ventilation		
Shading	Internal		

Figura 1.13: Edifício de escritórios 3 [9]

As estatísticas mostram que as estruturas de betão dominam o stock e que as fachadas-cortina são o tipo mais comum de fachada. A maioria das fachadas-cortina incorpora vidros. Esta categoria é a mais recente, com edifícios construídos entre 1960 e 1980, e abrange edifícios com uma estrutura de betão de cimento armado (Gabinete de Referência 3).

As caixilharias com painéis de alumínio formam a envolvente exterior do edifício, encaixadas entre os pilares e as vigas de betão. Com efeito, cada fachada tem três elementos para a envolvente térmica: betão, alumínio e vidro. As janelas são de vidro duplo e têm sombreamento interior.

No que respeita às necessidades energéticas, o consumo específico de aquecimento de espaços é mais elevado na região continental setentrional (238 kWh m^{2}y^1) e mais baixo na região meridional seca, com 54 kWh m^{2}y^1. A média ponderada da UE-27 para o consumo de aquecimento ambiente é de 161 kWh m^{2}y^1 e de 10 kWh m"^{2}y^1 para a água quente sanitária.

O consumo específico de arrefecimento ambiente é mais elevado na região seca do Sul (42 kWh m^{2}y^1) e mais baixo na região oceânica (11 kWh m^{2}y$^{1)}$. A média ponderada da UE-27 para o consumo de arrefecimento ambiente é de 22 kWh m^{2}y^1.

O consumo de energia para iluminação varia entre 25-71 kWh m^{2}y^1, sendo a média ponderada da UE-27 de aproximadamente 39 kWh m ^{2} y^1.

A informação pormenorizada sobre a utilização de combustíveis nos edifícios de escritórios é limitada, revelando um elevado grau de variação nos combustíveis primários e secundários utilizados. No entanto, alguns combustíveis são fortemente preferidos em certos países, devido à disponibilidade e a razões geopolíticas:

- carvão: Eslováquia, Polónia e Lituânia;
- eletricidade: todos os países, mas sobretudo em Chipre, Grécia, Malta e Espanha;
- madeira: Bulgária, Letónia e Portugal;
- gás: Reino Unido, Eslováquia, Países Baixos, Luxemburgo, Alemanha, Hungria e República Checa;
- petróleo: Bélgica, Chipre, Irlanda, Espanha e Eslovénia.

1.4 Acções de renovação típicas para edifícios de escritórios

Vários estudos têm-se centrado na questão da renovação de edifícios de escritórios existentes. Em geral, baseiam-se no conceito de que a utilização de uma fachada energeticamente eficiente é indispensável para reduzir a procura de energia para o ar condicionado [10-11].

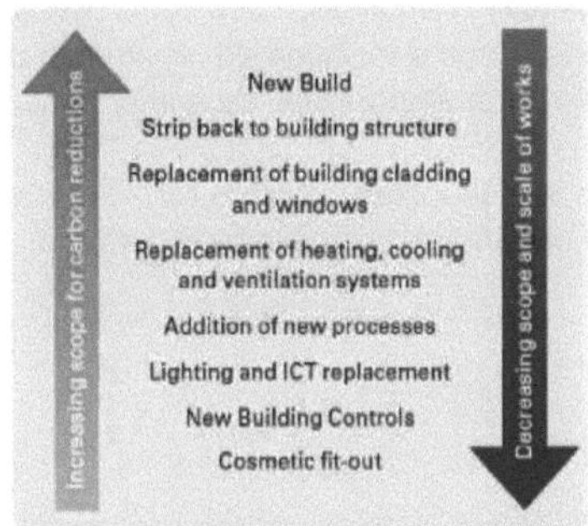

F   igura 1.14: Relação entre o âmbito da renovação e a capacidade de influenciar as emissões de carbono [10]

De facto, uma vez que as fagades funcionam como uma barreira física entre os ambientes interior e exterior, as intervenções destinadas a melhorar o seu desempenho são consideradas como uma das formas mais eficazes de reduzir o consumo de energia nos edifícios e melhorar a sua qualidade ambiental interior.

O isolamento térmico adicional, a instalação de sistemas de envidraçamento de alto desempenho e as medidas passivas, como a ventilação natural, os sistemas de sombreamento e a utilização da luz do dia, são intervenções benéficas nesse domínio. Alguns autores sugerem que um melhor isolamento é mais importante do que um controlo solar isolado em edifícios de escritórios existentes e mal isolados [12],

Existem, no entanto, contra-argumentos que sugerem que os meios tradicionais de melhorar o desempenho térmico das fagades são susceptíveis de aumentar as cargas de arrefecimento durante as estações quentes/quentes [13].

A substituição de vidros simples ou duplos normais por vidros duplos de alta eficiência para reduzir as cargas de aquecimento foi considerada como a forma mais eficaz de reduzir os impactos ambientais negativos resultantes do mau desempenho dos componentes de fagade antigos, uma vez que a redução do aquecimento ambiente em alguns casos foi registada em cerca de 35% [14].

Figura 1.15: Exemplo de façade de vidro de pele dupla (a,c) e façade verde (b) [15]

Foram também investigadas diferentes estratégias de reabilitação para diferentes tipos de edifícios de escritórios em diferentes condições climáticas. Entre estas estratégias, muitas dizem respeito a elementos da fachada do edifício, como a melhoria do isolamento das paredes, a substituição de janelas e caixilharias, a utilização de dispositivos de sombreamento e a utilização máxima da ventilação natural.

Estas intervenções resultaram em reduções significativas de energia para todos os tipos de escritórios em todas as regiões climáticas , com valores que variam entre 20% e 50% [13,16].

Scenario	Type A	Type B
Building envelope	• Improvement of insulation levels • Weather stripping of windows/doors • Replacement of window frames in bad condition • Use of double glazing • Use of additional shading (summer) • Integration of passive solar and daylighting components (atriums shaded in summer)	• Increase of wall insulation levels • Reduction of the air infiltration rate • Replacement of existing windows
Passive systems and techniques	• Use of additional shading devices in the 1st and 2nd floor (summer) • Night ventilation (summer) • Use of ceiling fans in the major zones (summer) • Use of an economizer cycle (summer) • Use of an evaporative cooler to pre-cool the fresh air (summer)	• Use of mechanical night ventilation (summer) • Use of external shading devices (summer) • Use of ceiling fans (summer) • Use of indirect evaporative cooler (summer)
Lighting	• Use of high-efficiency fluorescent lamps with electronic ballast and daylight compensation • Decrease of the general lighting up to 20 W/m^2 and use task lighting • Use of time-scheduled control • Improvement of luminaries and installation of reflectors	
HVAC	• Use of a BMS • Decrease of the winter set-point • Use of heat recovery of the return air • Recovery of the waste heat from the boiler flue gases • Possible replacement of the existing boiler • Use of a flue gas analyzer and a compensation controller for the burner • Recovery of heat from the condenser	• Use of a BMS • Use of air-to-air heat recovery system
Global retrofit	All the above	All the above

Quadro 1.1: Diferentes cenários de reabilitação para edifícios de escritórios em plano aberto (Tipo A) e celulares (Tipo B) [13]

Os efeitos benéficos decorrentes da melhoria das fachadas, relacionados com a redução das cargas de aquecimento/arrefecimento, a ventilação natural e o sombreamento adequado, são também referidos por Wong et al. [17] e Jin e Overend [18].

Resumindo, esta breve análise da literatura permite retirar três conclusões principais relacionadas com a renovação de edifícios de escritórios:

- é possível obter uma redução considerável da energia;
- é possível poupar emissões de carbono significativas;

*   As intervenções benéficas numa estação podem ter efeitos contrários noutras estações.

1.5 Tópico de investigação e importância do estudo

Neste contexto, a presente investigação tem como objetivo explorar os benefícios decorrentes da aplicação de uma tecnologia de arrefecimento passivo, nomeadamente a aplicação de *materiais frios* nas coberturas de edifícios de escritórios existentes, em termos de melhoria das condições de conforto térmico e de redução das necessidades energéticas.

Apesar de o conceito de telhados frios ser bem conhecido nos EUA desde a década de 1990, muitos estudos centraram-se no seu desempenho nos sectores residencial/comercial em várias condições climáticas (ver Capítulo 3) para os países dos EUA, enquanto apenas alguns estudos de caso exemplares são analisados nos países da UE.

Assim, após a caraterização do parque edificado existente na UE (Capítulo 1) - com particular incidência nos edifícios de escritórios - o livro dá uma visão dos balanços energéticos das coberturas devido a diferentes soluções tecnológicas (Capítulo 2). O Capítulo 3 descreve em pormenor as propriedades físicas dos materiais frios e a sua disponibilidade no mercado, fornecendo assim uma base sólida para a análise paramétrica desenvolvida no Capítulo 4, destinada a avaliar o desempenho das coberturas frias em vários climas e configurações de edifícios de escritórios.

Utilizando modelos numéricos detalhados, o comportamento térmico de edifícios de escritórios representativos do atual parque imobiliário da UE é avaliado em profundidade em termos de conforto térmico e necessidades energéticas de ar condicionado (Capítulo 5). Finalmente, uma análise económica realizada em termos de tempo de retorno do investimento discutirá a conveniência desta solução para fins de arrefecimento passivo.

1.6 Referências do capítulo

1) Agência Internacional da Energia, 2014. Ligação: www.iea.org/aboutus/faqs/energyefliciencv/
2) Diretiva 2010/31/UE do Parlamento Europeu e do Conselho, de 19 de maio de 2010. Ligação: http://eur- lex.europa.eu/LexUriServ/LexUriServ.do?uri=QJ:L:2010:153:0013:0035:E N:PDF
3) N. Rajkovich, R. Diamond, B. Burke, Zero net energy myths and modes of thought, Actas do Estudo de verão da ACEE sobre Eficiência Energética em Edifícios, Pacific Grove, Califórnia, 2010. Ligação: http://aceee.org/files/proceedings/2010/data/papers/2125.pdf
4) I. Sartori, A. Napolitano, K. Voss, Net zero energy buildings: Um quadro de definição consistente, Energy and Buildings 48 (2012) 220-232
5) P. Torcellini, S. Pless, M. Deru, D. Crawley, Zero Energy Buildings: A critical Look at the Definition, Actas do Estudo de verão da ACEE, Pacific Grove, Califórnia, 2006. Ligação: http://www.nreLgov/docs/1y06osti/39833.pdf
6) K. Voss, E. Musall, Net Zero Energy Buildings, projectos internacionais de neutralidade de carbono em edifícios, Detail Green Books, Varennes (Canadá), 2011
7) BPIE, Europe's Building Under the Microscope. A country-by-country review of the energy performance of buildings, 2011. Ligação: http://www.europeanclimate.org/documents/LR %20CbC study.pdf
8) Agência Internacional de Energia Tarefa 47 sobre aquecimento e arrefecimento solar, 2014. Renovação de edifícios não residenciais para padrões sustentáveis. Ligação: http://task47.iea-shc.org/publications
9) Projeto iNSPiRe, Survey on the energy needs and architectural features of the EU buildings stock, 2014. Ligação: http://www.inspirefp7.eu/about-inspire/downloadable-reports/
10) Carbon-Trust, Low Carbon Refurbishment of Buildings, A guide to achieving carbon savings from refurbishment of non-domestic buildings, 2008
11) CIBSE, CIBSE TM 53: 2013-Reabilitação de edifícios não domésticos na Grã-Bretanha, 2013
12) L. Thomas, Evaluating design strategies, performance and occupant satisfaction: a low carbon

office refurbishment, Building Research Information 38:6 (2010) 610-624

13) E. Dascalaki, M. Santamouris, On the potential of retrofitting scenarios for offices, Building and Environment 37:6 (2002) 557-567

14) I. Blom, L. Itard, A. Meijer, Environmental impact of dwellings in use maintenance of fagade components, Building and Environment 45:11 (2010)

15) S. F. Larsen, L. Rengifo, C. Filippin, Fachadas com vidros duplos em climas mediterrânicos ensolarados, Energy and Buildings 102 (2015) 18-31

16) M. Santamouris, E. Dascalaki, Passive retrofitting of office buildings to improve their energy performance and indoor environment: the OFFICE Project, Building and Environment 37 (6) (2002) 575-578

17) I.L. Wong, PC. Eames, S. Perera, Energy simulations of a transparent-insulated office fagade retrofit in London, UK, Smart Sustainable Built Environment 1 (3) (2012) 253-276

18) Q. Jin, M. Overend, Fagade renovação para um edifício público com base em uma abordagem de valor de vida inteira, em: Actas da Conferência sobre Simulação e Otimização de Edifícios 2012, Loughborough, 2012, 378-385

2. TECNOLOGIAS DE COBERTURA E O SEU COMPORTAMENTO ENERGÉTICO

De facto, se a envolvente do edifício não for corretamente concebida, os fluxos de calor através das estruturas (verticais, horizontais, transparentes e opacas) são a causa de um grande aumento do consumo de energia. Por conseguinte, é muito importante desenvolver técnicas de construção alternativas que garantam simultaneamente o conforto térmico e um baixo consumo de energia. Em geral, os regulamentos relativos à construção térmica têm como objetivo reduzir as necessidades energéticas de ar condicionado, mas normalmente a solução proposta é o *isolamento excessivo* dos edifícios, o que pode reduzir a eficácia das estratégias passivas tradicionais (massa térmica, ventilação) e criar efeitos adversos no conforto térmico interior. Em regiões com climas quentes, como os países mediterrânicos, as coberturas durante o verão recebem grandes quantidades de radiação solar e as suas temperaturas superficiais podem atingir valores até 75°C [1], o que obviamente causa um risco significativo de sobreaquecimento, tornando consequentemente o arrefecimento do edifício muito dispendioso [2],

Uma forma possível de lidar com este problema é a redução dos fluxos de calor através da envolvente do edifício, utilizando tecnologias como *telhados frios, telhados verdes* e *telhados ventilados.* De seguida, será apresentada uma visão geral destas soluções, juntamente com as equações de balanço energético que regem o problema físico.

2.1 Visão geral dos Tectos Frios (CR)

Um telhado com elevada reflectância solar (capacidade de refletir a luz do sol) e elevada emissividade térmica (capacidade de irradiar calor) mantém-se fresco ao sol, reduzindo a necessidade de energia de arrefecimento em edifícios condicionados e aumentando o conforto dos ocupantes em edifícios não condicionados" [3].

Levinson define *os Cool Roofs* da seguinte forma: são feitos de materiais específicos com uma elevada reflectância solar *r* - reduzindo assim os ganhos de calor durante o dia - e uma elevada emissividade térmica £ que lhes permite dissipar o calor absorvido durante a noite. No entanto, embora estas caraterísticas sejam fundamentais, outros parâmetros são de grande interesse para o balanço energético de um telhado, tais como a sua extensão em comparação com a envolvente opaca (conhecida como *rácio telhado-parede)* e a resistência térmica *R* de todos os componentes do telhado.

Tal como referido na introdução, tradicionalmente os códigos de construção têm-se centrado num maior isolamento dos telhados, ou seja, em valores R elevados, mas mais recentemente a extensão das poupanças de energia e os benefícios em termos de conforto dos telhados com um albedo elevado em climas quentes tornaram-se proeminentes.

De facto, o aumento dos valores R do telhado - e, consequentemente, dos custos de isolamento - reduz os ganhos de calor durante o dia, mas à custa das perdas de calor durante a noite, o que é inferível do balanço energético indicado na Eq. (2.1) para condições de estado estacionário, ou seja, sem considerar a capacidade térmica do telhado:

$$\underbrace{(1-r)\cdot I}_{q_{absorbed}} = [\underbrace{\sigma \cdot \varepsilon \cdot (T_{so}^4 - T_{sky}^4)}_{q_{radiant}} + \underbrace{h_c \cdot (T_{so} - T_o)}_{q_{convective}}] + \underbrace{(T_o - T_i)/R}_{q_{transferred}} \qquad (2.1)$$

A Eq. (2.1) indica que a radiação solar absorvida pela superfície da cobertura $_{qabsorvida}$ é parcialmente libertada para o ambiente exterior, tanto por radiação infravermelha $_{(qradiante)}$ como por convecção $_{(qconvectiva)}$. A contribuição destes termos é fortemente afetada pela temperatura da superfície da cobertura $_{Tso}$. Além disso, a transferência de calor ocorre através do telhado por condução $_{(qtransfemed)}$'esta contribuição é proporcional à diferença entre a temperatura do ar exterior

T_o e a temperatura interior T, dependendo da resistência térmica R associada às camadas do telhado e à transferência de calor na superfície interior do telhado.

Figura 2.1: Vista de telhados frios em Honolulu, Hawaii [Internet]

A equação anterior mostra claramente que os principais parâmetros que determinam o desempenho das coberturas frias são a reflectância solar *r*, a resistência térmica *R* e a emissividade térmica *E*, embora o coeficiente convectivo h_c também contribua significativamente para o balanço térmico.

Um estudo muito interessante sobre a influência dos três parâmetros *(r, R, e)* nos ganhos de calor de pico e nas cargas de arrefecimento médias diárias (ao longo de seis meses de verão), por 100 m² de uma cobertura plana localizada em Sydney, é realizado por Gentle et al. [4] através de simulações dinâmicas.

Os principais resultados são apresentados nas Figs. 2.2-2.3, que mostram o pico de carga de arrefecimento em janeiro (hemisfério sul) e a carga de arrefecimento média por dia durante a estação de arrefecimento, respetivamente. São tidas em conta dezoito combinações diferentes dos três parâmetros, com o objetivo de considerar valores razoáveis para todos eles. O set point de arrefecimento é de 25°C e os valores referem-se a diferentes combinações de absorvência solar *(Asoi = 1 - r)*, emissividade térmica *(E = E)* e resistência térmica *(R)*.

Mais em pormenor, a Fig. 2.2 revela como as cargas de arrefecimento aumentam rapidamente à medida que *R* diminui a baixo *r*, *em* contraste com o pequeno aumento com *VR* que ocorre a alto *r*. Também é importante notar como o pico de carga é menor em *Asoi* = 0,2 e *I?* = 1,63 em comparação com todos os casos com $A_{so}/ > 0,6$ quando R = 3,06, demonstrando assim como uma baixa absorvância solar deve ser a preocupação dominante. Além disso, estas cargas de pico podem ser reduzidas em magnitude por factores de 2,5-3,5 diminuindo $A_{so}i$ (ou seja, aumentando *f)*, independentemente de *R* ser considerado.

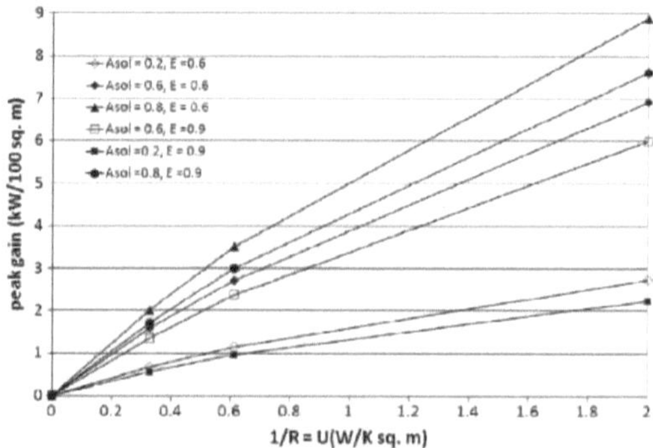

Figura 2.2: Pico de ganhos de calor (kW) por 100 m² de uma cobertura plana em função de diferentes combinações de valores de Asol, E e R [4]

20

Para o mesmo conjunto de parâmetros, a Fig. 2.3 mostra a carga média de arrefecimento por dia durante os seis meses da estação de arrefecimento. É importante salientar que a sensibilidade à redução do valor E de 0,9 para 0,6 aumenta à medida que mais energia solar é absorvida pelo telhado e mais é transmitida para o interior.

Embora um E elevado pareça menos importante se A_{sol} for pequeno em qualquer R, a resistência térmica não deve tornar-se demasiado elevada para permitir que o arrefecimento do céu noturno seja mais eficaz e para poupar custos.

Além disso, se compararmos as Figs. 2.2-2.3, é possível observar como são qualitativamente semelhantes em forma, mas para cada alteração na resistência térmica Asol tem um impacto maior na carga média diária do que na carga de pico.

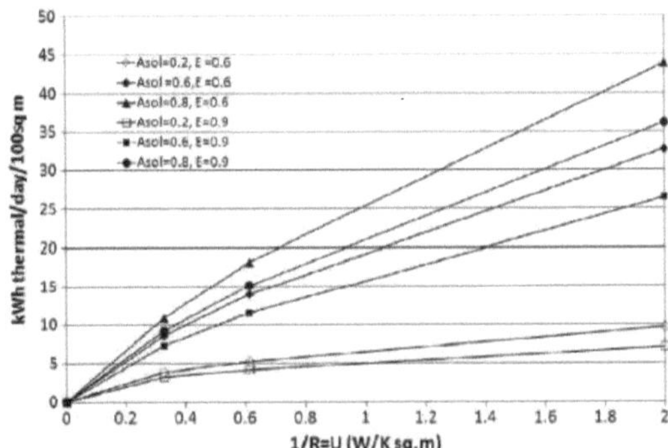

Figura 2.3: Cargas de arrefecimento médias diárias por 100 m² de uma cobertura plana em função de diferentes combinações de valores de Asoi, E e R [4]

Para apreciar plenamente o quanto as coberturas frias podem ajudar a melhorar o desempenho térmico dos edifícios, é importante concentrarmo-nos nos valores atualmente alcançados pela reflectância solar r, estes valores dependem obviamente dos agentes químicos utilizados para produzir uma tinta fria, e podem atingir valores superiores a 0,8. No entanto, é sabido que as tintas frias sofrem normalmente sujidade e intempéries nos primeiros meses após a instalação, o que reduz significativamente a sua reflectância solar. Como exemplo, Akbari [5] relatou uma redução de cerca de 10% em apenas dois meses na reflectância solar de um revestimento branco com um r inicial = 0,8; outro estudo de campo que mediu os efeitos do envelhecimento e da meteorização em dez telhados na Califórnia descobriu que a reflectância dos materiais frios pode diminuir até 0,15, devido à deposição de fuligem e poeira, principalmente no primeiro ano de serviço [6].

Este processo de envelhecimento é mostrado na Fig. 2.4, onde são medidos os efeitos de dois meses a seis anos de acumulação de poluentes ambientais no albedo de diferentes coberturas. Os dados indicam que a maior parte da diminuição do albedo ocorre no primeiro ano, possivelmente nos primeiros meses, sendo o revestimento cimentício sobre substrato de gravilha a solução técnica que assegura a menor e mais gradual diminuição do albedo.

Para avaliar os efeitos do processo de envelhecimento dos materiais frios na poupança de energia de arrefecimento, os mesmos autores assumem uma aproximação linear para a relação entre o albedo e a temperatura da superfície como um indicador da magnitude da transferência de calor através da cobertura. Desta forma, as poupanças de energia são proporcionais à redução dos fluxos de calor que entram pela cobertura.

Para testar esta hipótese, as necessidades de arrefecimento de edifícios reais foram monitorizadas durante o período de verão, no início do qual o albedo do telhado foi medido em 0,73, sendo o valor original (antes do revestimento) de 0,18. A poupança de energia estimada é de cerca de 80% (270 kWh y¹).

Após um ano de exposição, o albedo do telhado tinha descido para 0,61, pelo que estimam que as poupanças de energia de arrefecimento a longo prazo sejam 20% inferiores às poupanças do primeiro ano.

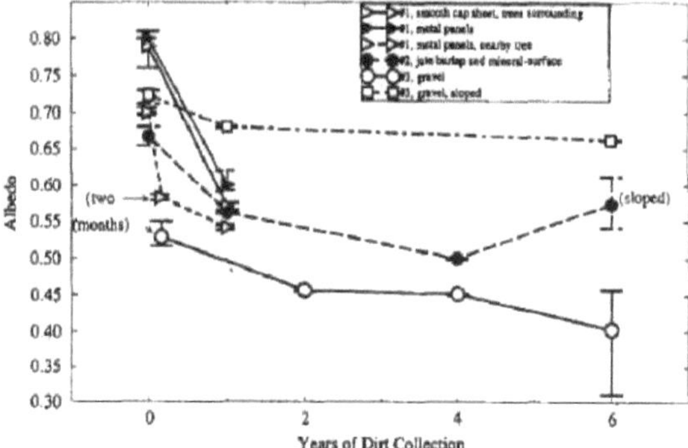

Figura 2.4: Variações do albedo para diferentes tempos de exposição para várias coberturas planas na Califórnia [6]

Uma mensagem ligeiramente diferente é transmitida por Bretz e Akbari [7], que demonstraram que a lavagem da superfície do telhado pode quase restaurar a reflectância solar original.

No âmbito de uma campanha experimental, a maioria dos telhados foi lavada com água e sabão, utilizando uma esfregona, enquanto outros foram lavados de forma diferente, para efeitos de comparação entre os diferentes métodos.

A recuperação do albedo (expressa em percentagem de recuperação em relação ao valor original) resultante do processo de lavagem foi considerada geralmente significativa. Quando as superfícies foram esfregadas com sabão, o albedo foi restaurado para cerca de 90% do valor original, indicando que a perda de albedo não é permanente e é causada pela acumulação de sujidade e não por UV ou degradação hidrolítica (ver Quadro 2.1 para mais pormenores).

Tabela 2.1: Restauração do albedo de diferentes telhados para vários métodos de lavagem [7]

Measurement No.	Substrate type	Pitch (%)	Age of coating (y)	Dirt collection (y)	Washing method	Initial Albedo	Albedo restoration (% of initial albedo)
NA	smooth cap sheet	2	1	1	hose off	0.79	81
21	smooth cap sheet	2	1	1	soap and mop	0.79	92
22	smooth cap sheet	2	2	1	soap and mop	0.79	96
2	metal panels	0	1	1	soap and mop	0.69	100

Para mais pormenores sobre este fenómeno, o leitor pode consultar a secção 3.3, onde são descritas várias avaliações do albedo a longo prazo para diferentes materiais frios.

Quanto aos valores assumidos pela emissividade térmica ε, esta pode ser assumida como quase constante para uma grande variedade de materiais de cobertura e muito próxima do valor de um corpo cinzento (normalmente $\varepsilon = 0{,}9$ pode ser assumido para materiais não metálicos).

Finalmente, a Eq. (2.1) afirma que é também importante fazer uma escolha apropriada para o coeficiente convectivo h_c, como observado em [8]. De facto, nas condições típicas de verão que ocorrem num clima quente e húmido como o do Sul de Itália (I = 800 W m -2, 0 = 60%, 25 < $T_{(o)}$ ≤ 35 °C) - e para um valor fixo da resistência térmica da cobertura (R = 1,40 m ^{2} K W^1) - é fácil notar que a escolha de h_c tem uma forte influência na diferença de temperatura AT entre a temperatura da superfície da cobertura T_{so} e a temperatura exterior T_o (Fig. 2.5).

Isto é verdade para um revestimento pouco refletor (r = 0,25), para o qual se esperam diferenças de TA até 5°C quando se aumenta h_c em 5 unidades (W m^{-2} K^1), enquanto que se olharmos para o revestimento altamente refletor (r = 0,85) esta diferença de temperatura é extremamente menos sensível a h_c. Neste caso, espera-se que as temperaturas do telhado sejam apenas alguns graus

22

acima da temperatura do ar exterior.

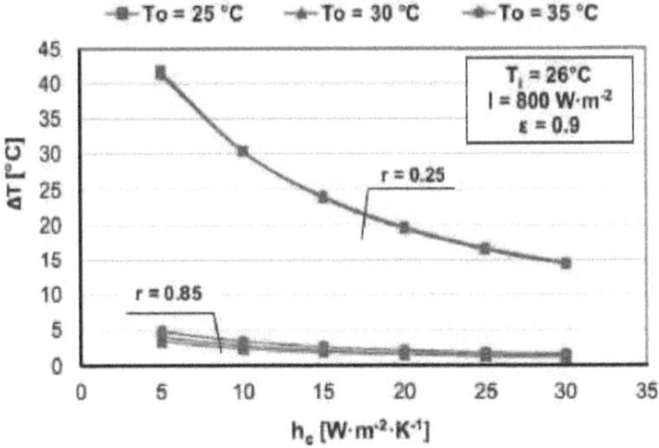

Figura 2.5: Diferença entre a temperatura da superfície exterior da cobertura e a temperatura exterior em função de h_c [8]

Além disso, o aumento de h_c também afecta o fluxo de calor q que entra pelo telhado, como se mostra na Fig. 2.6 para os mesmos valores de r vistos no gráfico anterior. Aqui, tanto as camadas de acabamento de baixa como de alta reflexão da cobertura seguem uma tendência muito próxima da apresentada na Fig. 2.5. Isto demonstra a importância de uma avaliação correta do coeficiente de transferência de calor por convecção, especialmente para coberturas com reflexão baixa a moderada, para fazer previsões fiáveis sobre a potencialidade das coberturas frias como estratégia para melhorar o desempenho térmico dos edifícios existentes.

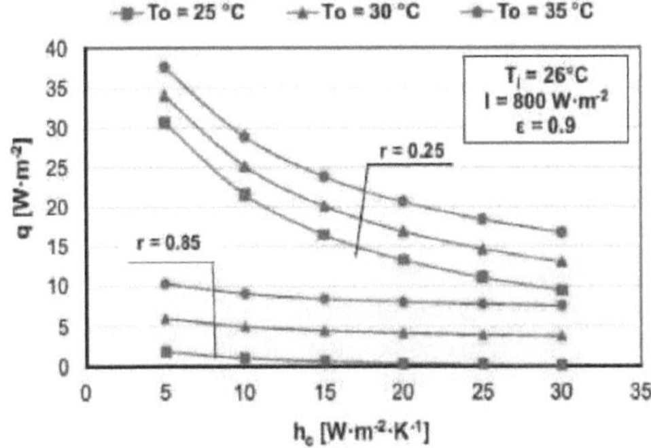

Figura 2.6: Fluxo de calor que entra pelo teto em função de h_c [8]

2.2 Panorama geral das coberturas verdes (GR)

As coberturas verdes representam uma estratégia de adaptação promissora para enfrentar as alterações climáticas, pelo que o número de estudos sobre coberturas verdes tem aumentado nos últimos anos. Os efeitos térmicos de uma cobertura verde resultam principalmente do sombreamento, do isolamento, da evapotranspiração e da massa térmica das plantas e do seu substrato, com a contribuição adicional do elevado calor específico da água contida no substrato para a inércia térmica de todo o pacote "verde".

Além disso, a evapotranspiração de um telhado verde tem um efeito de arrefecimento, uma vez que as experiências demonstram que o calor latente pode sobrepor-se ao calor sensível numa superfície verde, e a transpiração das folhas é responsável por quase 30% do arrefecimento do telhado.

Além disso, o papel de isolamento dos telhados verdes pode atenuar as temperaturas máximas interiores, poupando as cargas de arrefecimento e aquecimento, e diminui o fluxo de calor que entra no telhado em 60%, de acordo com a conceção do telhado.

Figura 2.7: Vista de coberturas verdes em Estugarda, Alemanha [Internet]

Parizotto e Lamberts [9] investigaram o desempenho térmico de um telhado verde em Florianópolis (Brasil) para períodos quentes e frios por meio de medições de campo. Foram monitorizados os fluxos de calor, o perfil de temperatura da cobertura verde e o conteúdo volumétrico de água na camada de substrato, juntamente com a temperatura do ar interior das divisões.

Descobriram que, durante o período quente (1-7 de março de 2008), o telhado verde reduziu o ganho de calor em 92%-97% em comparação com os telhados cerâmicos e metálicos, respetivamente, e aumentou a perda de calor para 49% e 20%. Durante o período frio (25-31 de maio de 2008), a cobertura verde reduziu o ganho de calor em 70% e 84%, e reduziu a perda de calor em 44% e 52% em comparação com as coberturas cerâmica e metálica, respetivamente. A partir dos dados obtidos, confirmou-se que a cobertura verde contribui para os benefícios térmicos e a eficiência energética do edifício em condições de clima temperado.

Uma comparação entre diferentes tecnologias de arrefecimento passivo em condições climáticas quentes e húmidas e para lajes altamente isoladas foi realizada por D'Orazio et al. [10], que efectuaram uma avaliação experimental do desempenho anual de todas as diferentes tecnologias. O objetivo era perceber se no verão os efeitos do arrefecimento passivo são inibidos pela baixa transmitância térmica recentemente introduzida em muitos países do Sul da Europa para satisfazer as exigências dos regulamentos de poupança de energia para a estação de aquecimento de inverno.

Os resultados deste estudo de campo mostram que, apesar de os fluxos térmicos não serem muito diferentes dos de outras soluções de cobertura - devido à baixa transmitância dos sistemas - os efeitos de arrefecimento passivo não são negligenciáveis. Isto deve-se à presença de fluxos que saem da laje 40% do tempo durante a estação de verão considerada e ao atraso significativo das ondas de fluxos de calor que entram.

Durante o inverno, o telhado verde produz um efeito isolante adicional na cobertura que contribui para reduzir a dispersão térmica também em condições de humidade ou saturação.

Resultados semelhantes são obtidos por Lazzarin et al. [11], que efectuaram uma série de sessões de medição numa cobertura verde instalada no telhado do Hospital de Vicenza (norte de Itália), descobrindo quão relevante é o papel desempenhado pelo fluxo latente do processo de evapotranspiração. De facto, durante o verão - com o solo em condições quase secas - a cobertura verde permite uma atenuação do ganho térmico que entra no compartimento inferior de cerca de 60% em relação a uma cobertura tradicional com uma camada isolante.

Isto deve-se à maior reflexão solar da vegetação, enquanto a contribuição da evapotranspiração é bastante limitada. Quando o solo está húmido, não só o fluxo de entrada é anulado, como também é produzido um ligeiro fluxo de saída, de modo que a cobertura verde funciona como um refrigerador passivo, graças ao efeito de arrefecimento da evapotranspiração. Durante o inverno, o processo de evapotranspiração é impulsionado sobretudo pelo défice de pressão do vapor de ar, capaz de produzir um fluxo térmico de saída do telhado que é 40% superior ao correspondente de um telhado com elevada absorção solar e isolamento.

Tal como foi brevemente descrito acima, os telhados verdes podem atingir os objectivos esperados se forem corretamente concebidos, mas é necessário simular a sua eficácia em relação às condições locais antes da construção.

A modelação de coberturas verdes envolve o estudo da transferência de massa e calor através das diferentes camadas, bem como a fisiologia das plantas. Existem vários modelos disponíveis na literatura: os modelos mais simples apenas consideram a redução da transmitância térmica da cobertura com base em medições in-situ (Fig. 2.8, [10]), enquanto outros estudos analisam mais detalhadamente os fenómenos complexos devidos ao sombreamento da folhagem e à evapotranspiração [9].

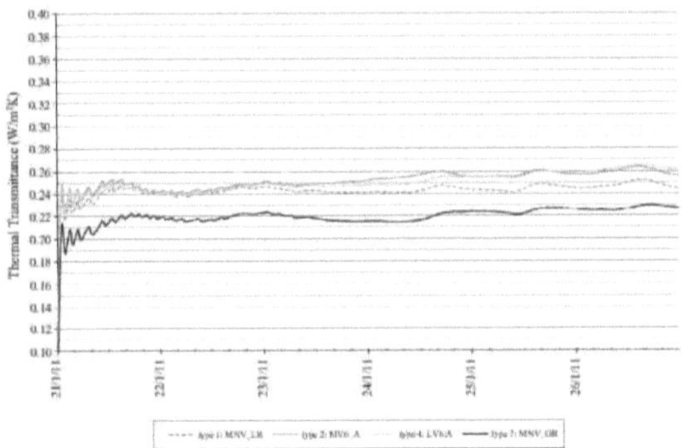

Figura 2.8: Avaliação da transmitância térmica in situ para várias soluções de coberturas verdes [10]

Entre todos os modelos propostos na literatura, o modelo monodimensional desenvolvido por Del Barrio [12] divide uma cobertura verde em três camadas diferentes: a cobertura, o solo e o suporte. Ao impor a homogeneidade horizontal da laje de cobertura, assume-se que os fluxos de calor e de massa são principalmente verticais, pelo que podem ser adoptadas equações unidimensionais para descrever o comportamento térmico de cada camada. Este modelo foi validado através de uma análise de sensibilidade utilizando dados meteorológicos de Atenas e uma laje de cobertura de betão de 10 cm. A sua abordagem representa a principal referência para outros modelos unidimensionais, tais como os desenvolvidos por Kumar e Kaushik [13] ou por Lazzarin et al [11],

Por outro lado, os modelos bidimensionais são muito menos comuns: um exemplo na literatura é dado por Alexandri e Jones [14], com o objetivo de avaliar o efeito térmico de coberturas e paredes verdes. De qualquer modo, atualmente o modelo unidimensional EcoRoof desenvolvido por Sailor [15] é talvez o mais utilizado e, graças à sua elevada fiabilidade, foi implementado na ferramenta de software EnergyPlus (a Fig. 2.9 apresenta uma representação dos fluxos de calor que ocorrem em diferentes camadas).

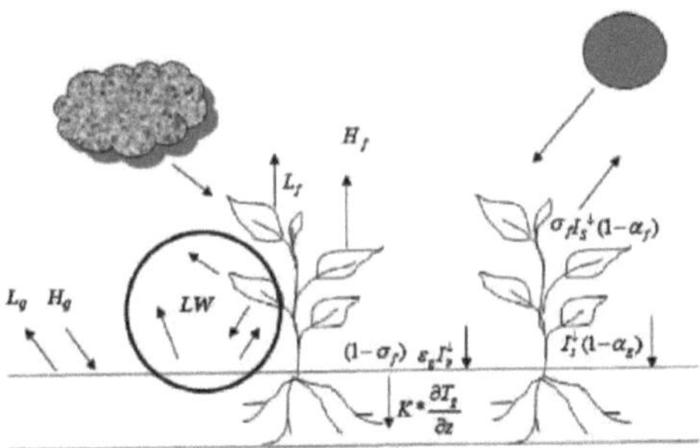

Figura 2.9: Balanço energético para uma cobertura verde, incluindo o fluxo de calor latente (L), o fluxo de calor

Com base no trabalho anterior de Frankenstein e Koenig [16], que desenvolveram o modelo FASST (Fast All-Season Soil Strength), Sailor considera dois fluxos de calor para a cobertura verde, respetivamente na superfície da folhagem Ft (ver Eq. 1) e na superfície do solo F_g (ver Eq. 2.2):

$$F_f = \underbrace{\sigma_f[I_{sol} \cdot (1-r_f) + \varepsilon_f \cdot I_{lr} - \varepsilon_f \cdot \sigma \cdot T_f^4]}_{radiative\_sky} + \underbrace{(\sigma_f \cdot \varepsilon_g \cdot \varepsilon_f \cdot \sigma) \cdot (T_g^4 - T_f^4)/\varepsilon_1}_{radiative\_ground} + \underbrace{H_f}_{sensible} + \underbrace{L_f}_{latent} \qquad (2.2)$$

$$F_g = \underbrace{(1-\sigma_f) \cdot [I_{sol} \cdot (1-r_g) + \varepsilon_g \cdot I_{lr} - \varepsilon_g \cdot \sigma \cdot T_g^4]}_{radiative\_sky} - \underbrace{(\sigma_f \cdot \varepsilon_g \cdot \varepsilon_f \cdot \sigma) \cdot (T_g^4 - T_f^4)/\varepsilon_1}_{radiative\_foliage} + \underbrace{H_g}_{sensible} + \underbrace{L_g}_{latent} + \underbrace{K \cdot \frac{\partial T_g}{\partial z}}_{conductive\_soil} \qquad (2.3)$$

Como é possível observar na Eq. (2.2) e na Eq. (2.3), em ambos os casos o balanço de energia é dividido num termo radiante, numa troca de calor sensível e latente e num fluxo de calor condutivo para o solo. O termo radiante considera a troca de calor com o céu (em comprimentos de onda curtos e longos) e a transferência mútua de calor entre as camadas da folhagem e do solo. Na verdade, este modelo não permite que as propriedades térmicas do solo (especificamente a reflectância solar, a condutividade térmica, a capacidade térmica específica e a densidade do solo seco) variem de acordo com o teor de humidade do meio do solo, devido a problemas de estabilidade durante o cálculo [17]. No entanto, já está implementado um balanço de humidade simplificado que permite considerar a precipitação, a irrigação e o transporte de humidade entre duas camadas do solo (zonas superiores e radiculares); são, em todo o caso, necessárias melhorias futuras neste sentido, como salientado em [18]. De facto, a humidade pode sair do solo por evaporação e a vegetação por evapotranspiração: estes fenómenos são influenciados pelo escoamento da água na camada do solo devido ao excesso de saturação e ao excesso de infiltração [19]. Assim, o EnergyPlus permite ao utilizador definir uma série de parâmetros, tanto para a camada de solo como para a folhagem, para caraterizar completamente a cobertura verde.

Olivieri et al. [20] efectuaram uma análise de sensibilidade, variando todos os parâmetros que definem a rotina EcoRoof na gama permitida pelo software, e concluíram que, para uma cobertura verde extensa no clima costeiro mediterrânico, apenas quatro parâmetros têm uma forte influência no desempenho da cobertura e devem ser cuidadosamente considerados.

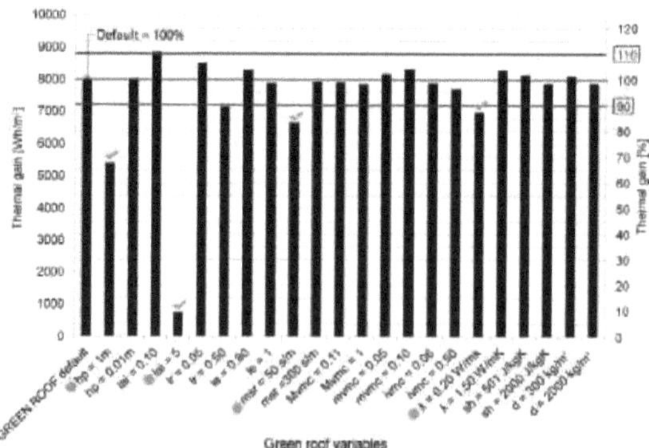

Figura 2.10: Resultados da análise de sensibilidade da rotina EcoRoof no ganho térmico previsto [20]

Mais detalhadamente, o ganho térmico que entra no telhado para o valor máximo e mínimo de cada variável é encontrado (ver Fig. 2.10), deixando as outras variáveis nos valores por defeito. Estes valores são então comparados com o valor obtido utilizando todas as variáveis por defeito; uma variação inferior a 10% em relação ao valor por defeito foi considerada não significativa.

Os parâmetros mais importantes são os seguintes:
- a altura das plantas (h_p);

- o Índice de Área Foliar (IAF), definido como o rácio entre a área foliar projectada e a área total do solo;
- a resistência estomática mínima (m_{sr}), que representa a resistência das plantas ao transporte de humidade;
- a condutividade do solo seco (K).

2.3 Panorâmica geral dos Tectos Ventilados (VR)

A ventilação natural de uma cavidade do telhado parece ser uma medida atractiva para dissipar a radiação solar no exterior antes que o calor excessivo seja transferido para o espaço ocupado no interior.

A ventilação de um telhado ou de um sótão tornou-se um dos maiores interesses dos investigadores da construção nas últimas décadas, como medida para diminuir as temperaturas do sótão e a carga de arrefecimento num espaço ocupado.

Ao ventilar naturalmente um telhado, o movimento de ar induzido pela irradiação solar deve ser analisado em profundidade, considerando a flutuabilidade do ar quente como uma força de autoindução que actua favoravelmente mesmo quando a força do vento não está disponível [21],

As coberturas ventiladas podem adaptar-se à configuração geométrica das coberturas planas ou inclinadas existentes (ver Figura 2.11); no entanto, para evacuar o ar quente acumulado de um sótão, vários estudos indicam que a forma mais eficaz de ventilação é dada por uma combinação de aberturas de cumeeira e de intradorso [22],

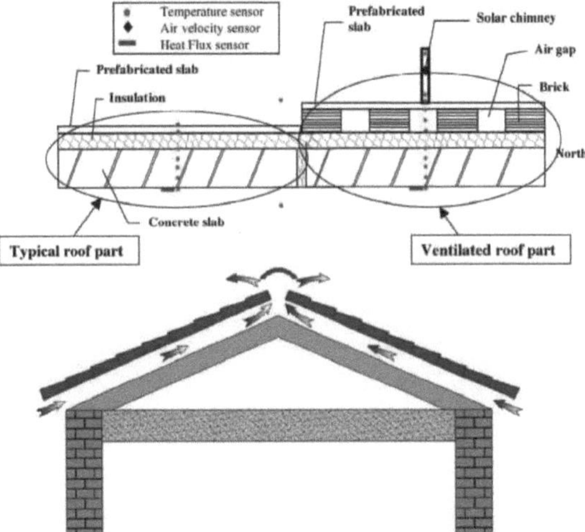

Figura 2.11: Representação esquemática de coberturas ventiladas planas (em cima, [21]) e inclinadas (em baixo, [22])

A ventilação do telhado pode ser criada por convecção natural ou forçada: a convecção natural (efeito de flutuação) é gerada pela diferença de temperaturas; os aparelhos mecânicos (ou seja, ventiladores) geram convecção forçada.

A radiação solar aquece o ar exterior no interior da caixa de ar; o ar quente torna-se mais leve e cria um fluxo ascendente. Este fluxo de ar produz efeitos vantajosos porque reduz o armazenamento de calor na estrutura, ao mesmo tempo que reduz o fluxo de calor através da cobertura. Este facto é demonstrado na Fig. 2.12, onde se comparam as temperaturas da superfície superior e inferior de uma cobertura metálica com cavidades e de uma cobertura simples na cidade japonesa de Toyohashi [21].

Durante o dia, as temperaturas da superfície superior da cavidade são significativamente mais baixas do que as do telhado simples: a diferença de temperatura mais elevada regista-se ao meio-dia e atinge cerca de 20°C. Durante a noite, as temperaturas da superfície superior de ambos os telhados caem ligeiramente abaixo da temperatura do ar exterior.

Além disso, a temperatura da superfície inferior do teto de duas águas era muito mais baixa do que a do teto simples durante o dia, sendo aproximadamente a mesma durante a noite.

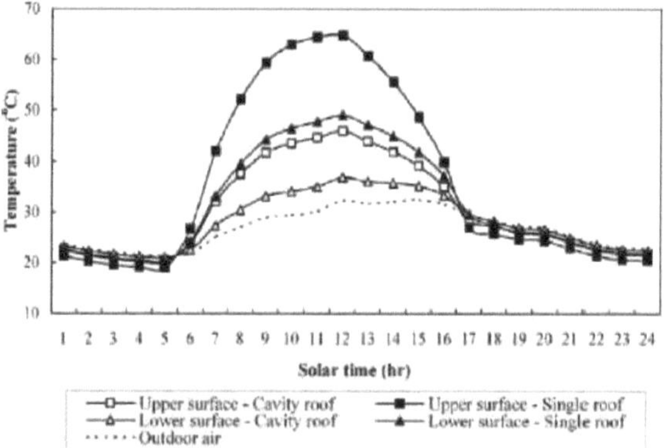

Figura 2.12: Comparação das temperaturas superior e inferior da superfície do telhado [21]

Se olharmos para as cargas horárias de arrefecimento correspondentes (Fig. 2.13), podemos observar como se tornaram negativas à noite para o telhado ventilado, solicitando assim teoricamente algum aquecimento, enquanto os valores de pico são quase divididos ao meio.

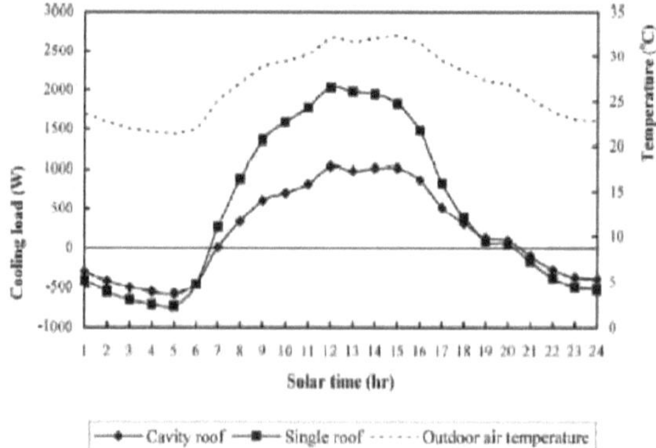

Figura 2.13: Comparação das cargas de arrefecimento [21]

Durante o inverno, a temperatura do ar no interior do telhado ventilado é aproximadamente a mesma do ambiente exterior, porque a radiação solar tem uma intensidade baixa, resultando num efeito de empilhamento muito reduzido.

Dimoudi et al. [23] efectuaram um estudo com o objetivo de comparar o desempenho térmico de coberturas planas ventiladas e tradicionais no clima quente-árido de Atenas (Grécia), com a ajuda de células de teste bem isoladas.

O componente de telhado ventilado consistia numa laje de betão armado de 12 cm em contacto direto com o compartimento inferior, uma camada de poliestireno extrudido de 5 cm de espessura colocada no topo da laje de betão, a caixa de ar de ventilação (foram testadas alturas de caixa de 6 cm e 8 cm) e uma laje de betão armado de 2,5 cm virada para o exterior.

No centro do telhado ventilado, foi utilizada uma chaminé circular de 35 cm de altura e 5 cm de diâmetro, feita de chapa metálica e pintada de preto no exterior, para melhorar a extração do ar quente da abertura.

Foi aplicada uma temperatura ambiente constante de 27°C no interior da célula de ensaio durante todo o período de ensaio.

A diferença relativa do fluxo de calor para diferentes configurações de layout (as Fases 2-3 referem-se a uma altura de caixa de ar de 8 cm, enquanto as Fases 4-5 referem-se a uma altura de caixa de ar de 6 cm) - considerando também a presença de uma barreira radiante (Fases 3 e 4) - é apresentada no Quadro 2.2.

Neste caso, a diferença percentual dos fluxos de calor das coberturas ventiladas em relação às coberturas tradicionais (indicador de desempenho A) é indicada para o dia, para a noite e para as 24 horas completas.

Tabela 2.2: Comparação dos fluxos de calor entre telhados ventilados e típicos [23]

	Daytime	Night-time	24 h
Performance indicator $A = (Q_T - Q_V)/|Q_T|$ (%)			
Phase 2	45	−18	49
Phase 3	58	−38	110
Phase 4	68	−33	281
Phase 5	56	−13	61

Pode inferir-se que o telhado ventilado tem um desempenho melhor do que o típico durante o dia de verão, enquanto o oposto é verdadeiro para a noite de verão; numa base de 24 horas, o telhado ventilado apresenta um melhor desempenho térmico do que o típico.

A barreira radiante (Fases 3 e 4) melhora o desempenho da cobertura ventilada durante o dia de verão, reduzindo os ganhos térmicos, enquanto que durante a noite é desfavorável ao desempenho da cobertura ventilada.

De qualquer modo, o desempenho diário global continua a ser favorável para ambas as aberturas de ar.

Também não é negligenciável o papel desempenhado pela permeabilidade das telhas no desempenho térmico das condutas de ventilação tipicamente utilizadas nos países do sul da Europa sob a camada de telhas.

Analisando 14 tipos diferentes de coberturas, D'Orazio et al. [24] provaram que a permeabilidade ao ar da camada de telhas determina uma certa quantidade de calor a libertar, para além da libertação ligada ao efeito de chaminé, em condutas de ventilação com as mesmas caraterísticas mas perfeitamente estanques

A principal conclusão deste estudo é que não existem diferenças substanciais de desempenho entre condutas de ventilação perfeitamente e não perfeitamente estanques, confirmando assim que a permeabilidade muito elevada dos ladrilhos utilizados tende a contrariar as diferenças na secção transversal da conduta de ventilação.

Por outro lado, o estudo numérico de estruturas ventiladas é um procedimento muito complexo que requer um conhecimento detalhado do caudal de ar e das suas propriedades termodinâmicas, das propriedades termofísicas dos materiais, dos valores dos coeficientes convectivos e das condições de fronteira exteriores (intensidade da radiação solar, temperatura exterior do ar, humidade relativa exterior, velocidade e direção do vento).

Um exemplo de um balanço energético de uma cobertura ventilada é apresentado na Figura

2.14 [25], em que as temperaturas da superfície das lajes superior e inferior da cobertura *(Ti, T2, T3 e T4)*, as temperaturas do ar exterior e interior T_o e *Ti* representam os nós da rede térmica apresentada na Fig. 2.15; as resistências térmicas são dadas pelas películas de ar interior/exterior, pelas espessuras das lajes e pelas resistências radiativas/convectivas no interior da caixa de ar.

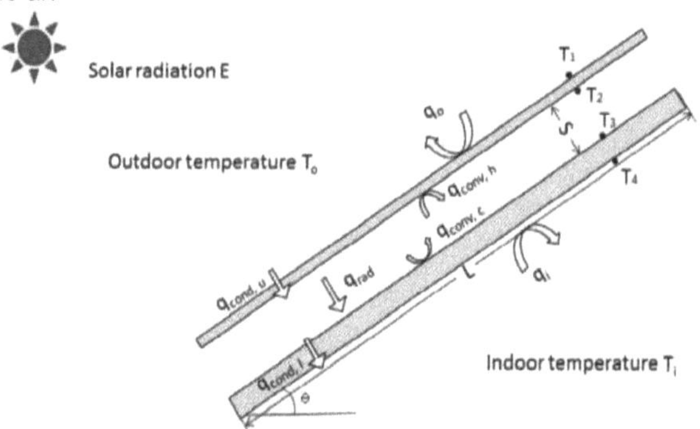

Figura 2.14: Fluxos de calor através de um telhado ventilado [25]

Para resolver estes circuitos, encontrar as temperaturas nodais e estimar os fluxos de calor que entram pelo telhado, recorre-se frequentemente a simulações de Dinâmica de Fluidos Computacional (CFD).

Estas simulações são também utilizadas para calcular o caudal de ar e as propriedades termodinâmicas do ar no interior da abertura, resolvendo as equações de movimento de Navier-Stokes, em média temporal, para fluxos compressíveis e estáveis.

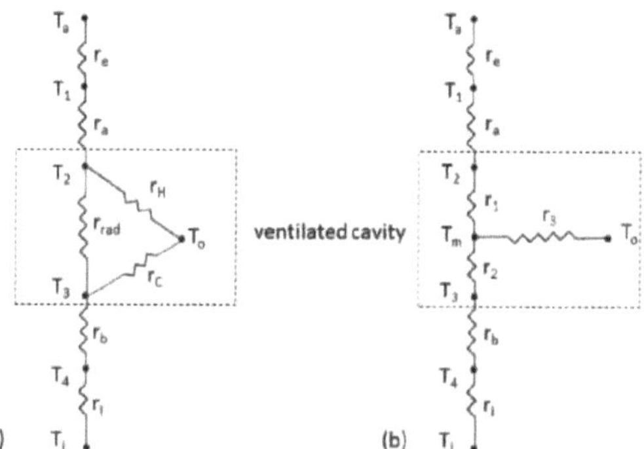

Figura 2.15: Duas redes térmicas possíveis para o teto ventilado: um circuito triangular (a) e um circuito em Y (b) [25]

Com base nos resultados da simulação, são propostas correlações para as resistências térmicas convectivas entre o ar e as paredes da cavidade; as correlações propostas são implementadas no modelo desenvolvido para prever o fluxo de calor transferido.

É possível encontrar um acordo muito próximo entre as previsões e as medições para uma configuração experimental específica, como mostra a Fig. 2.16 ao comparar a velocidade e a temperatura do ar dentro da cavidade inclinada investigada por Tong et al. [25],

A principal limitação desta abordagem é o facto de estas correlações se manterem válidas apenas para uma configuração específica da cavidade; é necessário investigar separadamente diferentes disposições.

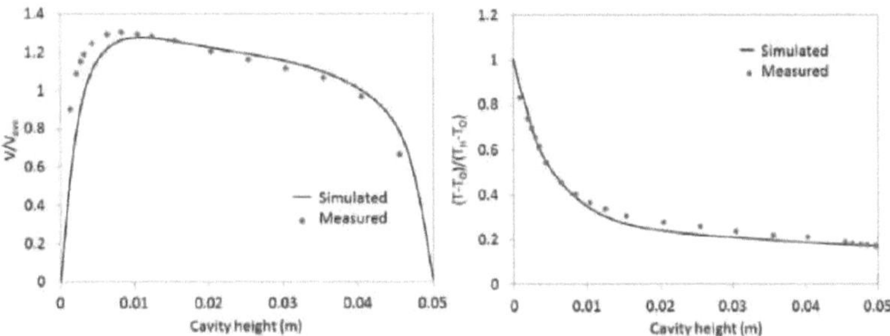

Figura 2.16: Comparação entre a velocidade e a temperatura do ar simuladas e medidas na cavidade ventilada
[25]

2.6 Referências do capítulo

[1] B. Cerne, S. Medved, Determinação da transferência de calor bidimensional transiente em telhado leve ventilado de baixa inclinação usando séries de Fourier, Building and Environment 41 (2007) 2279-2288

[2] A. Dimoudi, A. Androutsopolous, S. Lycoudis, Thermal performance of innovative roof component, Renewable Energy 31 (2006) 2257-2271

[3] R. Levinson, P. Berdahl, H. Akbari, W. Miller, I. Joedicke, J. Reilly, Y. Suzuki, M. Vondran, Methods of creating solar-reflective nonwhite surfaces and their application to residential roofing materials, Solar Energy Materials and Solar Cells 91 (2007) 304-314

[4] A.R. Gentle, J-L.C. Aguilar, G.B. Smith, Telhados frios optimizados: Integrando o albedo e a emissão térmica com o valor R, Solar Energy Materials & Solar Cells 95 (2011) 3207-3215

[5] H. Akbari, Measured energy savings from the application of reflective roofs in two small non-residential buildings, Energy 28 (2003) 953-967

[6] P. Berdahl, S.E. Bretz, Preliminary survey of the solar reflectance of cool roofing materials, Energy and Buildings 25 (1997) 149-158

[7] S.E. Bretz, H. Akbari, Long-term performance of high-albedo roof coatings, Energy and Buildings 25 (1997) 159-167

[8] V. Costanzo, G. Evola, L. Marietta, A. Gagliano, Avaliação adequada da transferência de calor por convecção externa para a análise térmica de telhados frios, Energy and Buildings 77 (2014) 467-477

[9] S. Parizotto, R. Lamberts, Investigação do desempenho térmico de telhados verdes em clima temperado: Um estudo de caso de um edifício experimental na cidade de Florianópolis, Sul do Brasil, Energy and Buildings 43 (2011)1712-1722

[10] M. D'Orazio, C. Di Perna, E. Di Giuseppe, Desempenho anual do telhado verde: Um estudo de caso num edifício altamente isolado em clima temperado, Energy and Buildings 55 (2012) 439-451

[11] R.M. Lazzarin, F. Castellotti, F. Busato, Medições experimentais e modelação numérica de um telhado verde, Energy and Buildings 37 (2005) 1260-1267

[12] E.P. Del Barrio, Analysis of the green roofs cooling potential in buildings, Energy and Buildings 27 (1998) 179-193

[13] R. Kumar, S.C. Kaushik, Avaliação do desempenho de coberturas verdes e sombreamento para proteção térmica de edifícios, Building and Environment 40 (2005) 1505-1511

[14] E. Alexandri, P. Jones, Temperature decreases in an urban canyon due to green walls and green roofs in diverse climates, Building and Environment 43 (2008) 480-493

[15] D.J. Sailor, Um modelo de telhado verde para programas de simulação energética de edifícios, Energy and Buildings 40 (2008) 1466-1478

[16] S. Frankenstein, G. Koenig, Fast all-season soil strength (FASST), U.S. Army Engineer

Research and Development Center, Cold Regions Research and Engineering Laboratory (ERDC/CRREL), Special Report SR-04-01 (2004). Washington, DC

[17] Departamento de Energia dos EUA, EnergyPlus versão 8.1, 2014. Ligação: http://apps1.eere.energy.	gov/buildings/energyplus/7utm	source=EnergyPl	us&utm medium=redirect&utm campaign=EnergyPlus%2Bredirect%2B1

[18]	Chen Pei-Yuan, Li Yuan-Hua, Lo Wei-Hsuan, Tung Ching-pin, Para a praticabilidade de um modelo de transferência de calor para telhados verdes, Engenharia Ecológica 74 (2015) 266-273

[19]	Yang Wen-Yu, Li Dan, Sun Ting, Ni Guang-Heng, Escoamento por excesso de saturação e por excesso de infiltração em coberturas verdes, Ecological Engineering 74 (2015) 327-336

[20]	F. Olivieri, C. Di Perna, M. D'Orazio, L. Olivieri, J. Neila, Medições experimentais e modelo numérico para a avaliação do desempenho estival de coberturas verdes extensas num clima costeiro mediterrânico, Energy and Buildings 63 (2013) 1-14

[21]	L. Susanti, H. Homma, H. Matsumoto, Um telhado de cavidades naturalmente ventilado como potencial benefício para melhorar o ambiente térmico e a carga de arrefecimento de um edifício fabril, Energy and Buildings 43 (2011) 211-218

[22]	A. Gagliano, F. Patania, F. Nocera, A. Ferlito, A. Galesi, Desempenho térmico de coberturas ventiladas durante o período de verão, Energy and Buildings 49 (2012)611-618

[23]	A. Dimoudi, A. Androutsopoulos, S. Lykoudis, Summer performance of a ventilated roof component, Energy and Buildings 38 (2006)610-617

[24]	M. D'Orazio, C. Di Perna, P Principi, A. Stazi, Efeitos da permeabilidade das telhas no desempenho térmico das coberturas ventiladas: análise do desempenho anual, Energy and Buildings 40 (2008) 911-916

[25]	S. Tong, H. Li, Desenvolvimento de um modelo eficiente e estudo experimental para a transferência de calor em coberturas inclinadas naturalmente ventiladas, Building and Environment 81 (2014)296-308

3. Telhados frios: o estado da arte

O presente capítulo fornece uma visão sobre:

(i) as propriedades ópticas físicas (albedo e emissividade térmica, nomeadamente) a serem mantidas pelos materiais frios;

(ii) as actuais tecnologias e produtos disponíveis no mercado;

(iii) os efeitos do processo de envelhecimento no seu desempenho;

(iv) as políticas implementadas a nível mundial para divulgar o seu conhecimento e utilização.

3.1 Propriedades ópticas: valores e medições

Como demonstrado no Capítulo 2, quando uma superfície com elevada *reflectância solar* e *emissividade térmica* é exposta à radiação solar, terá uma temperatura de superfície mais baixa em comparação com uma superfície semelhante com valores de reflectância e emissividade mais baixos.

Isto, por sua vez, leva a uma menor quantidade de fluxo de calor libertado por convecção durante o dia e por radiação durante a noite, bem como a uma redução do fluxo de calor condutivo através das camadas do telhado e a uma libertação mais rápida do calor armazenado durante o dia.

Tanto a reflectância solar como a emissividade térmica são propriedades físicas que dependem do comprimento de onda e do ângulo de incidência do fluxo radiativo, bem como da temperatura do corpo.

Em termos analíticos, as equações para o cálculo dos seus valores globais, partindo dos valores monocromáticos e negligenciando a sua dependência espacial, são as seguintes

$$r = \frac{\int_{250}^{2500} G(\lambda, T) \cdot r(\lambda, T)\, d\lambda}{\int_{250}^{2500} G(\lambda, T)\, d\lambda} \qquad (3.1)$$

$$\varepsilon = \frac{\int_{IR} e_n(\lambda, T) \cdot \varepsilon(\lambda, T)\, d\lambda}{\sigma T^4} \qquad (3.2)$$

A Eq. (3.1) fornece a formulação operacional para a estimativa da reflectância solar global; é medida numa escala de 0 a 1 (ou 0 a 100%) e é calculada com referência a uma distribuição da radiação solar espetral $G(A,T)$. Atualmente, a literatura apresenta diferentes perfis para a sua estimativa: para os países dos EUA, Levinson et al. [2] apresentam sete irradiâncias espectrais solares diferentes especificadas pela American Society for Testing Materials (ASTM), enquanto nos países da UE a distribuição de irradiâncias especificada pela norma europeia EN 410 [3] é a mais utilizada, também porque é prescrita para a caraterização das propriedades ópticas dos vidros.

Como salientado por Ferrari et al. [4], em princípio, devem ser utilizados espectros diferentes para integrar a refletividade espetral de superfícies com orientação e inclinação diferentes: por exemplo, as superfícies verticais e viradas para norte recolhem sobretudo irradiância difusa, enquanto as superfícies horizontais ou viradas para sul recolhem sobretudo irradiância direta. Além disso, cada espetro é adequado para diferentes condições climáticas, como a massa de ar no céu (ou seja, a relação entre o comprimento do percurso ótico direto através da atmosfera e o comprimento do percurso zenital) e a limpidez do céu, bem como para diferentes ângulos de incidência do feixe solar.

Por outro lado, os fabricantes e os projectistas de edifícios preferem valores únicos, para definir mais facilmente o produto e calcular o seu desempenho, respetivamente.

Ferrari et al. [4] também salientaram que, para os materiais cerâmicos - e para todos os materiais com um espetro de refletividade plano - devem ser esperadas discrepâncias entre os valores de reflectância solar previstos, que podem atingir alguns pontos percentuais, quando se utilizam espectros diferentes. Isto deve-se às diferentes fracções da energia radiante total que caem nas gamas UV, Vis e NIR; como exemplo, os espectros AM1GH [2] e ASTM G173-3 [5] estão representados na Fig. 3.1, onde é possível apreciar algumas discrepâncias nos campos UV e Vis.

De qualquer modo, o campo de comprimentos de onda considerado vai de 250 nm a 2500 nm, onde chega aproximadamente 99% da luz solar incidente numa superfície horizontal não sombreada iluminada por um sol zenital, e existe um grande consenso sobre este ponto.

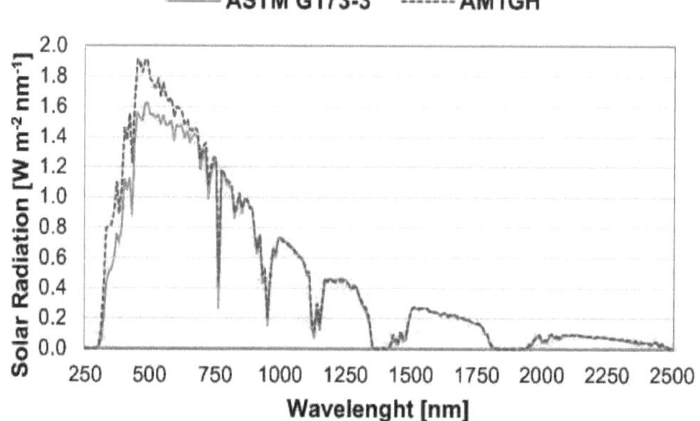

Figura 3.1: Irradiâncias espectrais solares de acordo com ASTM G173-3 e espectros AM1GH [Autor]

Um estudo de campo destinado a determinar as propriedades ótico-energéticas de membranas impermeáveis inovadoras foi recentemente efectuado por Pisello et al. [6], com a ajuda de medições em laboratório e de modelos à escala real. A campanha experimental no terreno permitiu caraterizar o produto em condições de fronteira reais (o período do ano, a nebulosidade e o intervalo de tempo de medição, nomeadamente), mostrando como é difícil medir o albedo no terreno com uma variabilidade inferior a 1% em comparação com os ensaios de laboratório.

Por conseguinte, essas medições no terreno não são adequadas para detetar diferenças de desempenho relativamente pequenas, sendo preferível a avaliação laboratorial da reflectância solar de acordo com normas internacionais bem consolidadas (ASTM E903-6 e ASTM C1371-04A) para caraterizar materiais frios a vender no mercado.

No que diz respeito à emissividade térmica, esta pode ser definida como a fração de energia emitida a partir da superfície de um material a uma temperatura finita seguindo um fluxo hemisférico, em comparação com uma emissão de corpo negro ideal à mesma temperatura (Eq. 3.2).

A emissividade depende do material e de outros parâmetros, como a temperatura, as condições da superfície (principalmente a rugosidade) e o comprimento de onda da radiação [7]. É medida numa escala de 0 a 1.

Para efeitos de caraterização dos materiais de construção, os comprimentos de onda normalmente investigados são os que se situam na gama 8000^ A <12000 nm (por vezes também na gama do infravermelho médio 3000^ A <5400 nm, especialmente quando se trata de edifícios históricos), uma vez que estes materiais emitem normalmente calor nos comprimentos de onda do infravermelho [7-8].

Os materiais de construção mais comuns (ou seja, gesso, pedra, betão) têm valores de emissividade elevados (normalmente superiores a 0,8), enquanto os materiais metálicos não tratados podem apresentar valores inferiores a 0,5.

O Quadro 3.1 apresenta um resumo dos valores típicos de reflectância solar (albedo) e de emissividade térmica, para os materiais comuns de revestimento de coberturas.

Tabela 3.1: *Valores típicos de reflectância solar e emissividade térmica para materiais de revestimento de coberturas [8]*

Roof coverings	Solar reflectance	Infrared emittance
Clay-cement		
Clay tile - white	0.60–0.80	0.90–0.93
Clay tile - red	0.16–0.45	0.83–0.95
Concrete tile - white	0.65–0.80	0.85–0.90
Concrete tile - red	0.10–0.12	0.85–0.90
Metal		
Unpainted	0.20–0.60	0.05–0.35
Painted - white	0.60–0.75	0.80–0.90
Painted – red	0.25–0.45	0.80–0.90
Bitumen		
Modified bitumen, mineral surface	0.10–0.20	0.85–0.95
Shingle, white	0.20–0.30	0.80–0.90
Shingle, red	0.25–0.30	0.80–0.90
Shingle, black	0.04–0.05	0.80–0.90

É interessante notar que a norma ASTM E1980-01 [9] introduz um parâmetro, chamado *Índice de Reflectância Solar (SRI)*, destinado a permitir uma comparação direta entre diferentes superfícies de telhado expostas ao sol, em relação à temperatura potencialmente atingida na sua superfície externa. O *SRI* é definido de modo a resultar em *SRI* = 100 para uma superfície branca padrão $(r = 0,80, \varepsilon = 0,90)$, e *SRI*= 0 para uma superfície preta padrão $(r = 0,10, \varepsilon = 0,90)$.

Agora, sob as hipóteses de condições solares e ambientais padrão $(I = 1000$ W m^2, To = 310 K e T_{sky} = 300 K), o *SRI* pode ser calculado com boa aproximação como segue:

$$SRI = 123.97 - 141.35 \cdot \chi + 9.655 \cdot \chi^2 \qquad (3.3)$$

Onde

$$\chi = \frac{(1 - r - 0.029 \cdot \varepsilon) \cdot (8.797 + h_c)}{9.5205 \cdot \varepsilon + h_c} \qquad (3.4)$$

Aqui, o *SRI* depende não só da reflectância solar r e dos valores de emissividade térmica ε, mas também do coeficiente de transferência de calor por convecção h_c. No entanto, como discutido por Costanzo et al. [10], o *SRI* não é sensível a mudanças em h_c - pelo menos para materiais frios de alto desempenho. Como exemplo, no caso de uma tinta fria com $r = 0,85$ e £ = 0,9, o Índice de Reflectância Solar seria *SRI* =106 com $h_c = 5$ W m^2 K^1, e *SRI* = 106,2 com /7c = 30 W m^2 K^{1}. Os dois valores selecionados de h_c correspondem aos sugeridos na norma ASTM E1980-01 para condições de vento fraco e de vento forte, respetivamente.

Além disso, como se mostra na Secção 2.1, as temperaturas da superfície da cobertura e os fluxos de calor através da cobertura são grandemente afectados por h_c, pelo que a sua correta avaliação é fundamental para efeitos de cálculo da carga térmica.

3.2 Materiais fixes

A investigação intensiva levada a cabo nas últimas duas décadas conduziu ao desenvolvimento de uma nova geração de materiais e técnicas que apresentam caraterísticas térmicas avançadas, capazes de mitigar o fenómeno UH I.

Entre estes, os materiais frios podem ser divididos em duas categorias principais: materiais frios para telhados e materiais frios para estradas e pavimentos [11].

3.2.1 Materiais frios para telhados

Os principais produtos para telhados incluem membranas de camada única, betume modificado, revestimentos (elastoméricos, acrílicos), telhas e telhas (Fig. 3.2).

Figura 3.2: Soluções típicas para coberturas frias: membranas monocamada e betume modificado na primeira fila, revestimentos na segunda fila e telhas e canudos nas últimas filas [Internet]

O Quadro 3.2 apresenta um resumo atualizado dos valores ópticos representativos de cada um deles, em termos de reflectância solar r, emissividade térmica £ e Índice de Reflectância Solar *SRI*.

Os valores indicados no quadro evidenciam uma grande variabilidade em termos de valores *de* r, enquanto que os valores de E podem ser sempre assumidos (exceto para as camadas de acabamento de alumínio) superiores a 0,80 e muito frequentemente iguais aos de uma massa cinzenta (ou seja, iguais a 0,90).

Quadro 3.2: Resumo das propriedades ópticas dos materiais frios a aplicar nos telhados [11]

Material	Solar reflectance	Infrared emittance	Solar reflectance index
Coatings			
White	0.70–0.85	0.80–0.90	84–113
Aluminum	0.20–0.65	0.25–0.65	−25 to 72
Conventional black	0.04–0.05	0.80–0.90	−7 to 0
Cool black	0.20–0.29	0.80–0.90	14–31
Conventional dark colored coatings	0.04–0.20	0.80–0.90	−7 to 19
Cool dark colored coatings	0.25–0.4	0.80–0.90	21–45
Asphalt shingles			
White asphalt shingle	0.20–0.30	0.80–0.90	15–28
Black	0.04	0.80–0.90	−7 to −1
Dark colored conventional asphalt shingles (using a two-layer process)	0.05–0.10	0.80–0.90	−6 to 6
Cool colored asphalt shingles (using a two-layer process)	0.18–0.34	0.80–0.90	11–37
Tiles			
Terracotta ceramic tile	0.25–0.40	0.85–0.90	23–45
White clay tile	0.60–0.75	0.85–0.90	71–93
White concrete tile	0.60–0.75	0.85–0.90	71–93
Grey concrete tile	0.18–0.25	0.85–0.90	14–25
Dark colored concrete tile	0.04–0.40	0.85–0.90	−4 to 45
Cool dark colored concrete tile	0.40–0.60	0.85–0.90	43–72
Membranes			
White membrane	0.65–0.85	0.8–0.90	76–107
Black	0.04–0.05	0.8–0.90	−7 to 0
Metal roof			
Unpainted	0.20–0.60	0.05–0.35	−48 to 53
Painted white	0.60–0.75	0.8–0.90	69–93
Dark conventionally colored	0.05–0.10	0.8–0.90	−6 to 6
Dark cool colored	0.25–0.70	0.8–0.90	21–86
Build up roof			
With asphalt	0.04	0.85–0.90	−4 to −1
With dark gravel	0.08–0.20	0.8–0.90	−2 to 19
With white gravel	0.30–0.50	0.8–0.90	27–58
With white coating	0.75–0.85	0.8–0.90	93–113
Modified bitumen			
With mineral surface capsheet	0.10–0.20	0.85–0.95	4–21
White coating over mineral surface	0.60–0.75	0.85–0.95	71–94

Os produtos acima enumerados resultam de uma intensa investigação laboratorial sobre o desenvolvimento de produtos frios para diferentes sistemas de cobertura. Entre eles, vale a pena mencionar o trabalho de Levinson et al. [12] na criação de protótipos de telhas de betão não branco e de telhas de asfalto reflectoras do sol. Utilizaram um processo de revestimento por pulverização de duas camadas destinado a maximizar a reflexão solar e o rendimento da linha de produção. Cada camada é uma tinta de látex pigmentada, fina e de secagem rápida, baseada na tecnologia acrílica aquosa de fluoreto de polivinilideno (PVDF)/acrílico: a primeira camada é uma camada de base branca com fraca absorção e forte retrodifusão de cerca de 500 a 2000 nm, que abrange a maior parte dos espectros Vis e NIR. A segunda camada é uma camada superior de cor com fraca absorção NIR e forte retrodifusão NIR.

Este esforço segue-se a um esforço anterior de Levinson et al. [13] sobre o desenvolvimento de revestimentos selectivos não brancos a aplicar em telhados inclinados. De facto, os proprietários de casas com telhados inclinados visíveis do solo preferem produtos de cobertura não brancos por considerações estéticas.

Assim, foram preparados seis revestimentos reflectores NIR experimentais (terracota, chocolate, cinzento, verde, azul e preto), cada um com um aspeto semelhante ao de um revestimento convencional (ver Fig. 3.3).

Figura 3.3: Temperatura da superfície atingida por azulejos prototípicos normais (linha inferior) e frios (linha

Estas formulações proporcionaram uma paleta de cores razoavelmente completa; os primeiros quatro revestimentos reflectores NIR são sistemas de camada única (ou seja, cor sobre azulejo cinzento), enquanto os azuis e pretos são formados pela aplicação de uma camada de cor que transmite NIR sobre um sub-revestimento branco opaco e altamente refletor.

Os espécimes resultantes apresentaram um valor de emissividade térmica de 0,9 e valores de reflectância solar entre 0,41 e 0,48.

Mais uma vez, questões relacionadas com razões estéticas - bem como com edifícios históricos na maioria dos países da UE - levaram Libbra et al. [14] a desenvolver uma telha de barro vermelho de cor fria, aplicando uma camada superior pigmentada altamente transparente no infravermelho próximo sobre uma camada de base altamente reflectora em toda a gama de radiação solar.

A camada superior é basicamente constituída por um material transparente à radiação solar, ao qual é adicionado um pigmento seletivo adequado; este pigmento produz o espetro de reflexão desejado da radiação visível, mas permite que o NIR passe através da camada superior, seja refletido pela camada de base e volte a passar pela camada superior. A disponibilidade e a facilidade de aplicação foram especificamente consideradas na seleção dos materiais, mas a cor produzida pelo pigmento é relativamente pouco natural para os ladrilhos de barro (ver Fig. 3.4).

Figura 3.4: Aparência da telha de barro fria (à esquerda) e da telha de barro original [14]

No entanto, apesar das dificuldades em produzir um azulejo "frio" com um aspeto visual tão próximo quanto possível dos tradicionais, foram alcançados valores de reflectância solar tão elevados como 0,42 (a distribuição espetral é mostrada na Fig. 3.5); este é um excelente resultado para um azulejo de barro e muito melhor do que as superfícies comuns de terracota com uma cor semelhante ou ligeiramente mais escura (ver também o Quadro 3.2 como referência).

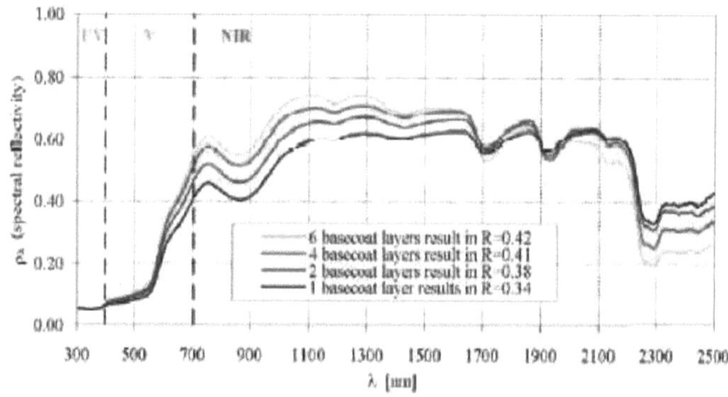

Figura 3.5: Espectro de refletividade de telhas de barro cozido revestidas para um número crescente de camadas

3.2.2 Materiais frios para estradas e pavimentos

Os pavimentos convencionais são geralmente feitos de betão e asfalto (ver Fig. 3.6) com valores de r que variam entre 0,05 e 0,45; outros materiais utilizados para pavimentar superfícies do ambiente urbano, como pedra, borracha, granito, mármore e seixo, são menos comuns, mas apresentam valores de reflectância solar semelhantes.

A fim de aumentar a reflectância solar de um pavimento, foram propostos vários métodos: para o pavimento de asfalto, uma técnica consiste em utilizar agregados brancos ou de cor clara (gravilha, pedra branca) ou pigmentos na mistura de asfalto. Outras técnicas, utilizadas principalmente nos EUA, são a cobertura branca (sobreposição de uma fina camada de betão sobre pavimentos existentes) e a selagem de aparas (prensagem de aparas de rocha sobre um ligante de asfalto, de modo a que a reflectância solar da estrada seja determinada pela reflectância do agregado de cor clara).

Figura 3.6: Pavimentos frios (à esquerda) e asfalto frio (à direita) [Internet]

Carnielo e Zinzi [15], através de medições laboratoriais e in situ, testaram um pó pré-misturado de cimento fotocatalítico à base de dióxido de titânio, com a adição de pigmentos para dar uma coloração especial aos produtos.

Além disso, o aumento do albedo dos pavimentos pode causar problemas de encandeamento - por exemplo, durante a condução - pelo que há um esforço para desenvolver pavimentos que absorvam a parte visível do espetro, de modo a terem um aspeto escuro mas com elevada reflectância na parte NIR do espetro solar (à semelhança dos materiais de cobertura frios).

Com este objetivo, Kinouchi et al. [16] desenvolveram um novo tipo de pavimento que satisfaz simultaneamente um elevado albedo e uma baixa luminosidade, com base na aplicação de um revestimento de tinta inovador num pavimento de asfalto convencional. Os pigmentos e a estrutura do revestimento utilizados são eficazes na obtenção de uma baixa refletividade na parte visível do espetro (23%) e de uma elevada refletividade no infravermelho próximo (86%). As medições de campo mostram que a temperatura máxima da superfície do pavimento asfáltico revestido com tinta é cerca de 15°C mais baixa do que a do pavimento asfáltico convencional.

Uma paleta de revestimentos de cores frias foi desenvolvida por Synnefa et al. [17] na Universidade de Atenas com a ajuda de um parceiro industrial: foram utilizados pigmentos especiais reflectores de infravermelhos para testar 10 protótipos de revestimentos acrílicos de cores frias, a aplicar em ladrilhos de betão branco. Os resultados finais foram muito promissores, também no que respeita ao aspeto visual do produto final, se comparado com o dos materiais padrão (ver Figura 3.7).

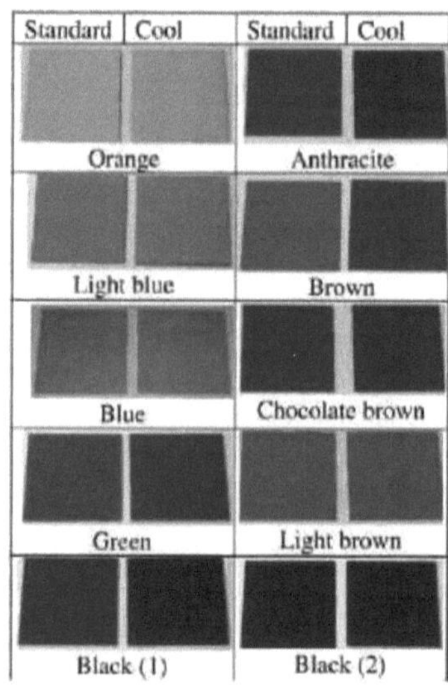

Figura 3.7: Revestimentos normais e frios para ladrilhos de pavimento testados na Universidade de Atenas [17]

Para efeitos de comparação, o Quadro 3.3 apresenta os valores de reflectância solar para materiais de pavimentação comuns e frios, mostrando que são de esperar valores muito baixos para materiais de pavimentação convencionais *(r < 0,20)*, enquanto os frios podem atingir valores tão elevados como 0,75.

Tabela 3.3: Valores de reflectância solar de materiais de pavimentação normais e frios [11]

Material	Solar reflectance
Black conventional asphalt	0.04–0.06
Aged conventional asphalt	0.09–0.18
White topping on asphalt	0.3–0.45
Cool colored thin layer asphalt	0.27–0.55
Gray concrete slab	0.12–0.2
White concrete slab	0.6–0.77
Cool colored pigmented concrete tile (grey, green, beige)	0.61–0.68
Cool colored pigmented concrete block (red, yellow, grey)	0.45–0.49
Photocatalytic white cobcrete tile	0.77
White marble	0.65–0.75
Dark colored marble	0.2–0.4
Red rubber tile	0.07–0.1
Dark colored granite	0.08–0.12

No entanto, vale a pena notar que o balanço energético de uma superfície em contacto com o solo é mais complexo do que o das coberturas e que outros parâmetros, como a permeabilidade, a condutividade térmica e a capacidade térmica, devem ser tidos em conta para a avaliação do seu desempenho [18].

3.3 O efeito do envelhecimento

A reflectância solar e a emissividade térmica de uma superfície exposta a condições exteriores podem alterar-se ao longo do tempo devido ao envelhecimento, à meteorologia e à sujidade. Para avaliar o desempenho a longo prazo dos materiais frios, devem ser tidas em consideração as alterações da reflectância solar e da emissividade ao longo do tempo e não apenas os valores iniciais. Synnefa [17] relata que os revestimentos que apresentam a maior reflectância solar inicial são os que demonstram a maior diminuição da reflectância solar, enquanto os revestimentos frios e pretos padrão mantiveram o seu valor inicial. Relativamente à emissividade térmica das amostras, verificou-se que, após três meses de envelhecimento natural, estas mantiveram os seus valores iniciais.

Kultur e Turkeri [19] apresentaram a avaliação do desempenho da reflectância solar a longo prazo dos revestimentos de telhados habitualmente utilizados na Turquia, através da monitorização no terreno de provetes de ensaio utilizando dois piranómetros que actuam como albedómetro durante um ano (ver Figura 3.8 para o aparelho experimental).

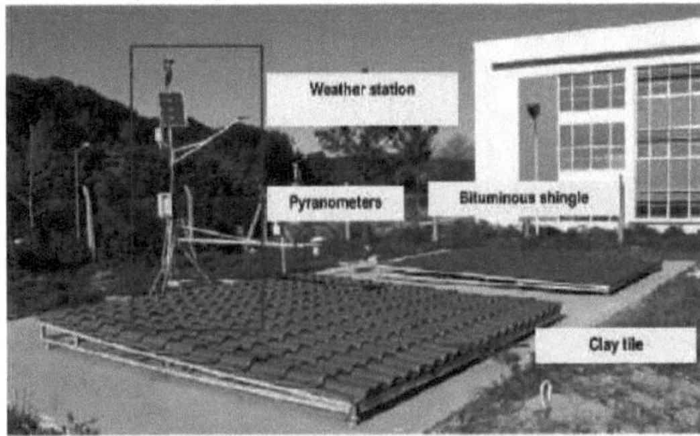

Figura 3.8: Instalação de ensaio para a avaliação da reflectância solar de longo prazo utilizada na Turquia [19]

Os resultados da sua investigação podem ser resumidos na Tabela 3.4, onde os valores de reflectância solar de provetes novos e envelhecidos durante um ano são indicados para cada porção do espetro solar (UV, Vis e NIR), bem como para o valor global.

É possível observar como, após um ano de exposição no exterior, os valores de reflectância total são os mesmos (ou ligeiramente superiores) para os ladrilhos de barro vermelho, para os quais se verifica um pequeno aumento nos valores de reflectância UV e Vis .

Outros materiais testados, como os azulejos de cerâmica branca, mostram uma ligeira diminuição da reflectância solar total devido à degradação do material pelos raios UV. Em geral, não são esperadas diferenças significativas para estes materiais nas condições climáticas de Istambul durante um ano de exposição.

Tabela 3.4: Taxas de reflectância solar para cada gama espetral de espécimes novos e com um ano de idade [19]

Test specimens	Solar reflectance, R							
	New (unexposed)				Aged (1-year exposed)			
	Spectrum (NM)				Spectrum (NM)			
	UV	VIS	IR	Total	UV	VIS	IR	Total
	300–380	380–780	780–2500	300–2500	300–380	380–780	780–2500	300–2500
Clay - cement								
Clay tile, red	0.06	0.15	0.62	0.36	0.07	0.16	0.62	0.37
Ceramic tile, white, shiny	0.54	0.84	0.77	0.80	0.50	0.81	0.77	0.78
Concrete tile, red	0.07	0.19	0.42	0.30	0.08	0.19	0.42	0.30
Metal								
Metal tile, red	0.03	0.07	0.31	0.18	–	–	–	–
Galvanized sheet, white	0.08	0.84	0.68	0.71	–	–	–	–
Aluminum sheet, silver	0.50	0.62	0.72	0.65	–	–	–	–
Copper sheet, bronze	0.08	0.19	0.53	0.34	–	–	–	–
Titanium-zinc, black	0.06	0.06	0.07	0.07	–	–	–	–
Titanium-zinc, silver	0.51	0.57	0.56	0.56	–	–	–	–
Bitumen								
Mineral covered membrane-red	0.06	0.11	0.20	0.15	0.06	0.11	0.21	0.16
Shingle, red	0.04	0.07	0.11	0.10	0.04	0.08	0.12	0.10
Corrugated sheet, black	0.04	0.04	0.04	0.04	0.05	0.05	0.07	0.05

Resultados diferentes são apresentados no trabalho de Paolini et al. [20], que testaram a reflectância solar espetral de 12 membranas de cobertura cujos valores iniciais *de r* variam entre 0,26 e 0,85, antes da exposição no exterior e após 3, 6, 12,18 e 24 meses de envelhecimento natural em Roma e Milão (Itália).

Em ambas as cidades, as exposições ocorreram aproximadamente a meio caminho entre os centros das cidades e as periferias, em dois telhados sem sombra, e estavam distantes das fontes primárias de poluição; os principais dados meteorológicos necessários para a avaliação foram recolhidos in loco através de uma estação meteorológica (ver Figura 3.9 para a configuração experimental).

Figura 3.9: Instalação de ensaio para a avaliação da reflectância solar a longo prazo utilizada em Milão [20]

Os autores constataram que, em Milão, após 3 meses de exposição, as membranas com valores iniciais de reflectância solar mais elevados (r > 0,80) perderam uma média de 0,13 (cerca de 16% de diminuição relativa) de reflectância solar, enquanto as membranas de baixa reflectância (0,20 < r < 0,30) apresentam variações absolutas modestas (entre 0,02 e 0,05).

Todas as membranas apresentaram um desvio padrão inferior a 0,035 (mediana < 0,008) após 24 meses de exposição em Milão e inferior a 0,017 em Roma (mediana < 0,010).

Embora os valores absolutos da reflectância das amostras nos dois locais fossem diferentes (ver Figura 3.10), as formas dos espectros das membranas envelhecidas eram quase as mesmas em ambas as cidades, sugerindo que nas áreas metropolitanas a intensidade da deposição é diferente, mas os ingredientes da sujidade são praticamente os mesmos (produtos da combustão dos motores dos veículos e das instalações de aquecimento, principalmente).

A perda de reflectância também tem impacto nas necessidades energéticas dos edifícios e nas temperaturas de superfície das membranas de cobertura: para quantificar estes aspectos, foram modelados edifícios comerciais representativos em Roma e Milão. Os resultados destas simulações mostram que, em todos os casos considerados (edifícios mal ou bem isolados), o envelhecimento produz uma redução na poupança anual de carga de arrefecimento de 4,1 a 7,1 MJ m^{-2} y^{-1} por cada 0,1 perda de reflectância.

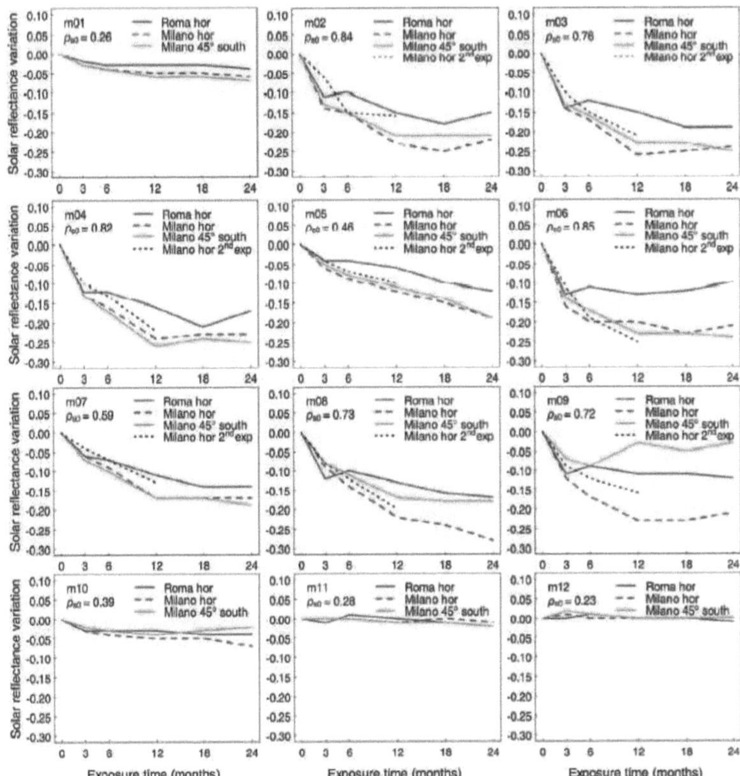

Figura 3.10: Variação da reflectância solar (envelhecida menos inicial) de diferentes membranas de cobertura em função do tempo de exposição e para dois locais diferentes [20]

A campanha experimental levada a cabo por Mastrapostoli et al. [21] em dois edifícios escolares em Atenas (Grécia) permite inferir conclusões semelhantes sobre a variação do albedo dos revestimentos altamente reflectores.

Neste caso, foram aplicados revestimentos brancos em 2008 (albedo inicial das coberturas de 0,70) e foi realizada em 2012 uma campanha de medições para avaliar o modo como a climatização afecta as propriedades ópticas das coberturas frias. As principais conclusões são apresentadas na Tabela 3.5, onde são mostrados os resultados das medições do albedo para os dois edifícios e para as coberturas frias existentes, limpas e novas, respetivamente.

Quadro 3.5: Medições do albedo dos dois edifícios objeto de estudo de caso [21]

	Albedo measurements		
	Existing cool roof	Cleaned cool roof	New cool roof
School A	0.50	0.55	0.74
School B	0.54	–	0.71

No caso do edifício A, o processo de limpeza consegue repor cerca de 7% do valor original do albedo, enquanto uma nova instalação aumentaria esse valor em cerca de 25% em comparação com o telhado frio envelhecido. O último resultado é praticamente o mesmo para o edifício B.

É interessante sublinhar as diferenças significativas de temperatura entre coberturas antigas, limpas e novas, o que é claramente demonstrado na Figura 3.11, onde as temperaturas da superfície são comparadas através de imagens de termografia de infravermelhos.

Figura 3.11: Fotografias visíveis e de infravermelhos do telhado, mostrando as diferentes temperaturas de superfície atingidas pelos telhados frios envelhecidos, limpos (primeira fila) e novos (segunda fila) [21]

A diferença de temperatura entre o telhado frio envelhecido e a parte limpa foi de cerca de 8°C, enquanto a diferença de temperatura da superfície entre o telhado frio existente e o novo atinge 12°C; a temperatura exterior de bolbo seco durante o processo de medição foi de 24,3°C.

É igualmente efectuada uma análise mineralógica para quantificar a deposição de poluentes na superfície do telhado.

Os poluentes exteriores que afectam principalmente a degradação do albedo são o quartzo, a ilite, a dolomite e a epsomite, enquanto a análise microbiológica revelou uma elevada carga bacteriana e fúngica na cobertura fria envelhecida. Estes resultados sublinham a necessidade de uma limpeza e manutenção regulares das coberturas, de modo a cumprir a contribuição dos materiais frios para a eficiência energética e o conforto térmico interior.

Por último, Takebayashi et al. [22] abordaram a avaliação a longo prazo da reflectância solar de coberturas revestidas até 8 anos antes para 8 instalações diferentes de coberturas frias no Japão.

A redução da reflectância solar é confirmada para amostras vários meses após o revestimento, e varia cerca de 0,10-0,25 vários anos após o revestimento (ver Quadro 3.6), dependendo das condições de deposição de sujidade. A reflectância solar após a limpeza da superfície alvo com um pano húmido é normalmente recuperada a menos de 0,10, mas para a maioria das superfícies a recuperação não é capaz de atingir o valor inicial, talvez devido à sujidade que adere às irregularidades da superfície revestida.

Tabela 3.6: Medições de campo do albedo do telhado após vários anos de revestimento [22]

City	Kobe	Osaka	Osaka	Ryuo	Kato	Himeji	Osaka	Koriyama
Form	Flat	Flat	Flat	Folded	Folded	Folded	Flat	Folded
Initial value	0.87	0.73	0.73	0.87	0.87	0.87	0.73	0.87
Years after coating	0.2	0.4	2.5	4	4	4	6	7
Measurement point 1	0.65	0.66	0.67	0.60	0.79	0.64	0.71	0.72
Measurement point 2	0.88	0.65	0.69	0.59	0.74	0.66	0.70	0.71
Measurement point 3	0.86	0.66	0.69	0.61	0.70	0.66	0.72	0.74
Averaged value	0.79	0.66	0.68	0.60	0.74	0.65	0.73	0.72
Initial – averaged value	0.08	0.08	0.05	0.27	0.13	0.22	0.00	0.15
After wiping	-	-	0.67	0.69	0.88	0.71	0.72	0.81
After wiping – point 1	-	-	0.00	0.09	0.09	0.07	0.01	0.09

Curiosamente, os autores sugerem que seria mais adequado utilizar valores de reflectância solar após um processo de envelhecimento de três meses para cálculos de ilhas de calor urbanas e cargas térmicas, e isto é consistente com os estudos acima mencionados que identificam este período de tempo como o mais representativo do processo de envelhecimento.

Para tal, os autores propõem um teste de envelhecimento acelerado em laboratório capaz de prever o valor da reflectância solar de um revestimento após 3 meses e 1 ano de exposição ao ar livre.

3.4 Materiais frios como tecnologia de arrefecimento passivo: estudos de caso

Foram efectuados vários estudos experimentais e computacionais para demonstrar os benefícios das coberturas frias na melhoria do conforto térmico no verão, bem como na eficiência energética dos edifícios.

Um esforço pioneiro é o realizado por Akbari para promover a difusão das coberturas frias nos EUA, partindo do clima quente e húmido da Califórnia [23]: seis edifícios comerciais na Califórnia foram monitorizados em termos de utilização de energia e parâmetros ambientais (temperaturas da superfície e temperaturas do ar) durante dois meses consecutivos de verão (antes e depois da instalação de coberturas frias).

Os resultados mostraram que a instalação de um telhado frio reduziu o pico diário da temperatura do telhado de cada edifício em 32-42°C, utilizando revestimentos brancos, o pico médio da procura de arrefecimento é reduzido para 5-10 W m^2 e as poupanças estimadas no consumo médio de energia do chiller variam entre 40 Wh m^2 e 80 Wh m^{-2}, dependendo da tipologia do edifício (escola, loja de retalho ou instalação de armazenamento a frio).

Com base nestes resultados, os autores alargaram o estudo sobre a aplicabilidade desta tecnologia a todas as 16 zonas climáticas da Califórnia através de simulações dinâmicas, encontrando resultados semelhantes, mas negligenciando potenciais penalizações para o aquecimento de espaços (ver Quadro 3.7 para um resumo).

Tabela 3.7: Estimativa da poupança anual de energia e redução do pico em julho para as 16 zonas climáticas da Califórnia [23]

Climate zone	Retail store[a]		School building[b]		Cold storage facility[c]	
	kWh/m²	W/m²	kWh/m²	W/m²	kWh/m²	W/m²
CZ01	0.6	0.6	1.1	2.6	4.5	3.9
CZ02	11.5	4.9	4.2	3.9	6.0	5.4
CZ03	4.0	2.9	3.7	3.2	5.9	5.1
CZ04	10.5	4.6	5.1	3.6	6.3	5.5
CZ05	5.9	3.4	3.0	3.2	5.9	5.2
CZ06	11.2	4.3	5.1	2.8	5.7	5.1
CZ07	9.9	3.6	5.2	2.7	5.3	4.7
CZ08	12.7	4.6	6.1	3.4	5.8	5.3
CZ09	11.8	4.3	5.4	3.3	5.5	5.3
CZ10	15.3	5.4	5.8	3.8	5.5	5.1
CZ11	10.8	4.8	4.5	3.6	7.2	6.6
CZ12	10.8	4.9	4.6	3.7	7.4	6.6
CZ13	13.9	5.8	5.3	3.8	7.4	6.6
CZ14	14.0	5.3	4.5	3.2	7.4	6.3
CZ15	16.4	5.5	6.5	3.4	6.2	4.8
CZ16	6.7	4.0	2.5	3.4	6.8	6.2

Nos países da UE, foram realizados cinco projectos de demonstração das capacidades dos telhados frios para melhorar as condições térmicas e reduzir o consumo de energia nos edifícios (residenciais e comerciais) no âmbito do projeto *"Cool Roofs"*.

Os casos de estudo foram monitorizados, no que diz respeito ao seu desempenho energético e ambiente interior, antes e depois da aplicação de uma cobertura fria. Os edifícios selecionados abrangem uma grande variedade geográfica e tipológica, mas partilham a mesma abordagem metodológica: em primeiro lugar, é efectuada uma monitorização experimental e, em seguida, são realizadas simulações numéricas dos mesmos edifícios com uma série de variações.

Em seguida, será apresentado um breve resumo das principais conclusões relativas a cada um deles, começando pelos climas mais quentes da Grécia e de Itália e terminando nos climas moderados de França e do Reino Unido.

Kolokotsa et al. [24] investigaram um edifício localizado em Iraklion, Creta (Grécia), utilizado como escritório administrativo do campus tecnológico local. O período de monitorização começou em dezembro de 2008 e terminou em outubro de 2009, abrangendo os períodos antes e depois da aplicação de uma tinta branca fria com $r = 0,89$ e $\varepsilon = 0,89$ (os valores iniciais para a laje de betão utilizada como cobertura eram $r = 0,20$ e $\varepsilon = 0,80$).

Figura 3.12: A casa investigada para o estudo de caso de Iraklion [24]

A calibração do modelo foi efectuada quando o sistema de arrefecimento estava desligado, para evitar acrescentar mais incertezas à calibração do modelo, e depois utilizada para comparar a eficiência energética alcançada por diferentes medidas de conservação de energia que são habitualmente utilizadas nessa região.

Para dar uma ideia dos resultados em termos de temperaturas da superfície do telhado alcançadas pelo telhado não tratado e pelo telhado pintado, respetivamente, a Fig. 3.13 mostra a tendência diária para os meses de setembro e outubro de 2009.

É possível ver como os valores de pico são reduzidos em 30°C quando é utilizado um revestimento branco em vez de um revestimento betuminoso normal, enquanto as simulações dinâmicas identificam esta solução tecnológica como a mais promissora para reduzir as cargas anuais de ar condicionado (arrefecimento + aquecimento), se comparada com o aumento do isolamento da cobertura ou com a diminuição do valor U das janelas.

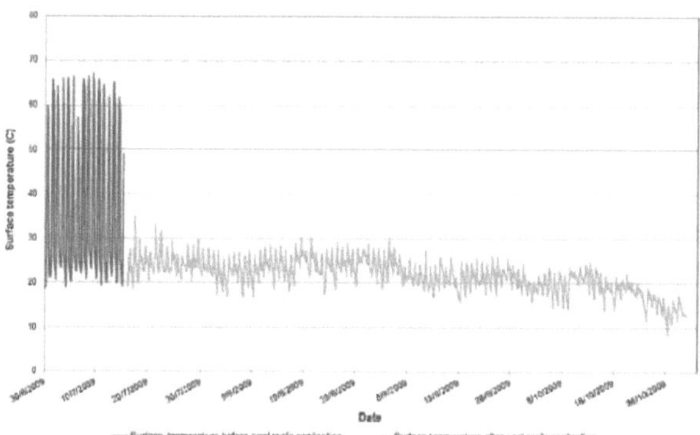

Figura 3.13: Temperaturas da superfície da cobertura antes e depois do revestimento frio [24]

Outro edifício na Grécia (um edifício escolar em Atenas, Fig. 3.14) foi estudado por Synnefa et al. [25], onde a superfície de betão cinzento existente (r = 0,20) foi novamente substituída por uma tinta branca fria de reflectância solar $r = 0,89$.

Foi efectuada uma análise combinando os resultados de uma campanha de monitorização no local e uma análise numérica com o objetivo de avaliar as condições de conforto térmico e o desempenho energético do edifício escolar antes e depois da aplicação da cobertura fria. Os resultados obtidos pelo edifício em Creta são aqui confirmados em termos de temperaturas da superfície da cobertura (investigadas através de imagens de infravermelhos), devido às condições climáticas semelhantes e à utilização do mesmo revestimento branco. No entanto, o estudo lança luz sobre as necessidades energéticas efectivas sentidas antes da aplicação do revestimento frio, graças a uma análise das facturas de aquecimento e de eletricidade.

Figura 3.14: O edifício da escola em Atenas [25]

O ponto de regulação para o arrefecimento é fixado em 26°C e para o aquecimento em 20°C (ambos são valores representativos dos países mediterrânicos europeus), e os resultados do cálculo são apresentados na Fig. 3.15 para os casos sem isolamento e com isolamento, bem como para a cobertura de referência e a cobertura fria.

A aplicação da cobertura fria resulta numa diminuição da carga de arrefecimento anual de 40% para o edifício de referência não isolado, sendo 35% a redução para o edifício isolado. São de esperar penalizações não negligenciáveis no aquecimento para os casos dos edifícios não isolados (aumento de 10%) e isolados (+4%): como esperado, a aplicação da cobertura fria tem um impacto maior nos edifícios não isolados do que nos isolados.

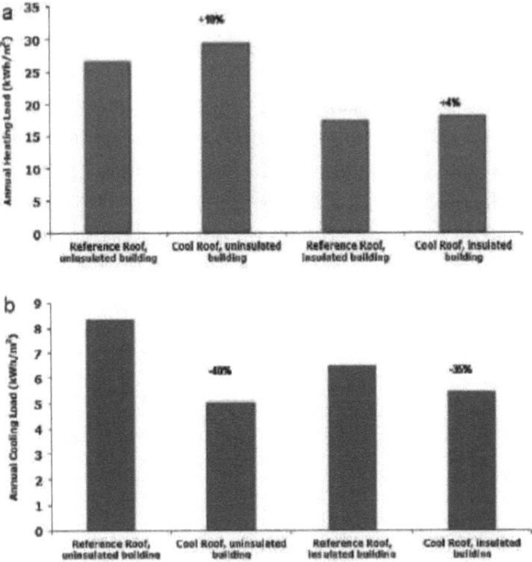

Figura 3.15: Cargas anuais de aquecimento (barras vermelhas) e arrefecimento (barras azuis) do edifício escolar em Atenas [25]

Passando para Itália, Romeo e Zinzi [26] analisaram uma escola situada em Trapani (Sicília) coberta por telhas de betão (r = 0,25) e por um revestimento frio "ecológico" branco (r = 0,82) numa ala do edifício (ver Fig. 3.16).

O procedimento seguido foi a aplicação da cobertura fria a meio da estação de arrefecimento e a monitorização do comportamento do edifício antes e depois do revestimento da cobertura.

A monitorização exterior incluiu a temperatura do ar, a humidade relativa, a radiação solar horizontal global e as temperaturas da superfície do telhado, enquanto a monitorização interior registou a temperatura do ar, a temperatura radiante média, a humidade relativa e a velocidade do ar.

Foi necessário um trabalho de simulação e cálculo para obter resultados abrangentes sobre o desempenho do edifício durante toda a estação de arrefecimento e durante mais tempo; o software TRNSYS foi selecionado para efetuar esses cálculos.

Figura 3.16: Aplicação de uma cobertura fria num edifício escolar em Trapani [26]

Analisando as condições de conforto térmico no verão, a distribuição cumulativa do número de horas durante as quais a temperatura de funcionamento é superior aos valores-limite (25°C, 27°C e 29°C, nomeadamente) é apresentada na Fig. 3.17. Aqui podemos ver a forte redução das horas de desconforto na sala 2 (orientada a nordeste) e na sala 3 (orientada a sudeste), uma vez que a temperatura de 27°C foi atingida durante menos de 15% do período. Os piores resultados foram obtidos na sala 5 (orientada a oeste) devido aos elevados ganhos solares através de janelas largas durante a tarde.

Se considerarmos o desempenho energético anual, foi efectuado um estudo paramétrico considerando vários valores de albedo para o telhado e os resultados indicam que o edifício atual, pouco isolado, continua a ser dominado pelo aquecimento. Neste caso, a utilização de revestimentos com valores de reflectância solar superiores a $r = 0,70$ é contraproducente, uma vez que as penalizações por aquecimento superariam as poupanças por arrefecimento. Por outro lado, ao isolar a cobertura do edifício, as necessidades energéticas mais baixas dizem respeito à tinta com o albedo mais elevado ($r = 0,82$).

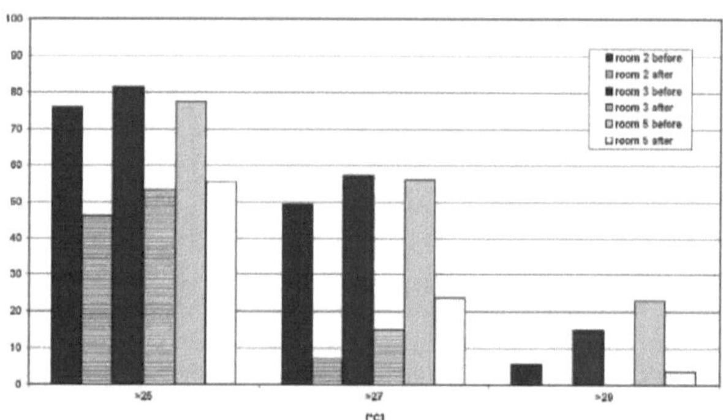

Figura 3.17: Distribuição cumulativa da temperatura de funcionamento em diferentes salas do edifício escolar em Trapani antes e depois da aplicação de um revestimento frio [26]

48

Bozonnet et al. [27] consideraram as condições climáticas típicas do continente, avaliando o desempenho de uma habitação colectiva em Poitiers (França).

De acordo com as especificações actuais em França, as envolventes dos edifícios altamente isolados são concebidas para condições de inverno com poucas radiações solares e poucas preocupações com o conforto no verão, pelo que as superfícies selectivas frias devem ser avaliadas com precisão.

O telhado do terraço antes da renovação era coberto por asfalto (r = 0,20), enquanto que após a aplicação de um revestimento elastomérico branco o albedo do telhado atingiu o valor de 0,88.

O que é importante destacar deste estudo é que, mesmo para um clima moderado como o da parte central de França, o telhado frio diminui a temperatura média da superfície exterior em mais de 10°C, com diferenças baixas para as temperaturas mais baixas, mas com um forte impacto nas temperaturas mais altas.

O efeito sobre a temperatura interior de funcionamento parece ser muito baixo para o edifício em questão, devido ao forte isolamento em conformidade com as normas de construção em França para todas as novas construções.

Figura 3.18: Habitação colectiva estudada por Bozonnet et al. em Poitiers [27]

Por último, Kolokotroni et al. [28] avaliaram o desempenho do escritório da Universidade de Brunel (Londres), localizado no último andar de um edifício de quatro andares (ver Fig. 3.19). A camada de acabamento da cobertura existente apresenta um valor de reflectância solar muito baixo (r = 0,10), enquanto que, após o processo de revestimento, esse valor aumenta em 0,5 (r = 0,60); a envolvente está bem isolada, através de uma camada de isolamento de 4 cm de espessura no topo da laje da cobertura e de 18 cm na face exterior das paredes.

Um aspeto destacado neste trabalho, que está estritamente relacionado com o stress térmico da cobertura, é a análise das diferenças de temperatura superficial entre a cobertura e o teto antes e depois da aplicação do revestimento frio.

Como se pode ver na Fig. 3.20, durante o início da manhã e à noite o teto é mais frio do que o teto interior, enquanto que durante o meio-dia ocorre o contrário. No entanto, após o revestimento do telhado, as temperaturas da superfície interna do teto são sempre superiores às temperaturas da superfície do telhado, o que indica o efeito de arrefecimento da tinta fria na superfície externa do telhado.

Figura 3.19: Vista exterior do edifício do estudo de caso em Londres [28]

Foi igualmente efectuada uma análise paramétrica utilizando o caso de estudo como edifício de referência e variando o albedo da cobertura entre 0,1 e 1, as temperaturas de referência no verão (23°C ou 25°C) e no inverno (21°C ou 23°C) e as trocas de ar por hora (2 ou 4).

Os resultados, em termos de necessidades energéticas de ar condicionado, mostram que o valor ótimo do albedo deve situar-se no intervalo 0,6-0,7, com uma taxa de renovação de ar de 2 ACH e mantendo os níveis de isolamento existentes. Nesta configuração óptima, espera-se uma redução global das necessidades energéticas de 3-6%, dependendo da temperatura de referência.

O aumento dos níveis de isolamento diminuiria os potenciais benefícios energéticos na procura de aquecimento e arrefecimento, o que é consistente com os outros estudos de caso para os quais os benefícios energéticos são mais elevados para um isolamento inferior do telhado.

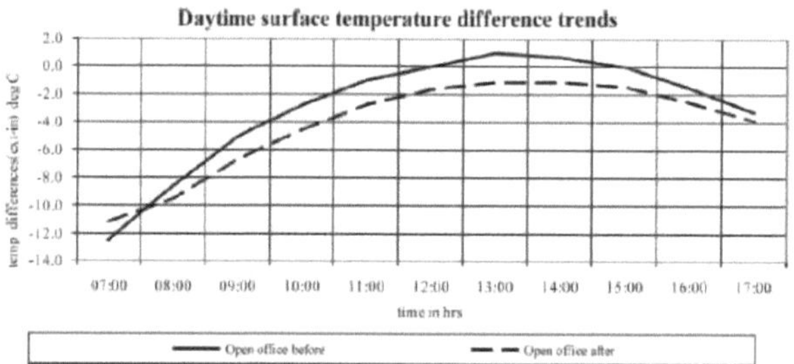

Figura 3.20: Diferenças de temperatura diurnas à superfície medidas (temperaturas da superfície exterior-interior da cobertura) para o edifício em Londres [28]

3.5 Políticas e mercados de materiais frios

Em grande parte do mundo, o projeto, a construção e os materiais utilizados nos edifícios residenciais e comerciais são orientados por códigos de construção. A maior parte destes códigos destina-se a garantir a integridade do edifício do ponto de vista da saúde e da segurança, mas também abrangem a utilização de energia e, recentemente, passaram a incluir requisitos que são simultaneamente económicos e de poupança de energia. Como os códigos de construção se centram no potencial de poupança de energia de cada edifício, não consideram os benefícios climáticos dos telhados frios ou os benefícios microclimáticos decorrentes da redução da ilha de calor urbana.

Akbari e Matthews [29] analisaram as normas, códigos de construção, programas de classificação e rotulagem de telhados frios nos EUA (ver Quadro 3.8), bem como noutras partes do mundo.

O processo de atualização e o nível de aplicação dos códigos de construção variam muito de país para país. Por exemplo, na China existe apenas um código nacional único com três zonas climáticas, na Índia também existe um código nacional único, mas é voluntário, e na UE os códigos de construção são determinados a nível nacional. Devido à grande população e ao crescimento económico significativo, a China e a Índia podem apresentar as maiores oportunidades para promover a adoção de telhados frios através dos códigos de construção.

Tabela 3.8: Resumo das políticas dos EUA que prescrevem ou sugerem a utilização de telhados frios [29]

Standards, codes, labeling programs	Remarks
ASHRAE Standard 90.1-2007	Prescribes cool materials for low-sloped roofs on non residential buildings in some U.S. climate zones
ASHRAE Standard 90.1-2004 and 1999	Offer credits for cool materials for low-sloped roofs on non residential buildings in some U.S. climate zones
ASHRAE Standard 90.2-2004	Offers credits for cool materials for all roofs on residential buildings in some U.S. climate zones
California Title 24 Standards-2008	Prescribes cool materials for all roofs on residential and non residential buildings in California by climate zone
California Title 24 Standards 2005	Prescribes cool materials for low-sloped roofs on non residential buildings and offers credits for all other roofs on residential and non residential buildings by climate zone
California Title 24 Standards 2001	Offers credits for cool materials for all roofs on residential buildings in California by climate zone
International Energy Conservation Code 2003	Allows commercial buildings to comply with the 2003 IECC by satisfying the requirements of ASHRAE Standard 90.1, which offers cool-roof credits
Chicago, IL energy conservation code	Prescribes a minimum solar reflectance and thermal emittance for low-sloped roofs
Florida code 2004	Prescribes cool materials for all roofs on non residential buildings that are essentially the same as those in ASHRAE Standard 90.1-2004
Hawaii	In 2001, 2002, and 2005, respectively, the counties of Honolulu, Kauai, and Maui adopted cool-roof credits for commercial and high-rise residential buildings based on ASHRAE Standard 90.1-1999
U.S. EPA Energy Star™ label	Requires that low-sloped roofing products have initial and three-year-aged solar reflectances not less than 0.65 and 0.50, respectively. Steep-sloped roofing products must have initial and three-year-aged solar reflectances not less than 0.25 and 0.15, respectively
LEED green building rating system	Assigns one rating point for the use of a cool roof in its Sustainable Sites Credit
Cool Roof Rating Council	Develops accurate and credible methods for evaluating and labeling the solar reflectance and thermal emittance of roofing products

No entanto, os países dos EUA têm desempenhado um papel pioneiro na utilização e difusão da tecnologia das coberturas frias, como demonstram os vários códigos/prescrições referidos no Quadro 3.8.

Entre eles, vale a pena referir o papel desempenhado pelo Cool Roof Rating Council (CRRC) na avaliação e rotulagem das propriedades radiativas dos produtos de cobertura e na divulgação da informação a todas as partes interessadas [30].

Ao navegar no seu sítio Web, é possível aceder a um diretório de produtos classificados, ordenados por tipo de produto, cor e propriedades radiativas mínimas, que permite escolher a solução com melhor desempenho para cada configuração de telhado.

A Figura 3.21 apresenta um exemplo da etiqueta de classificação que certifica as propriedades ópticas do produto, tanto iniciais como após 3 anos de envelhecimento.

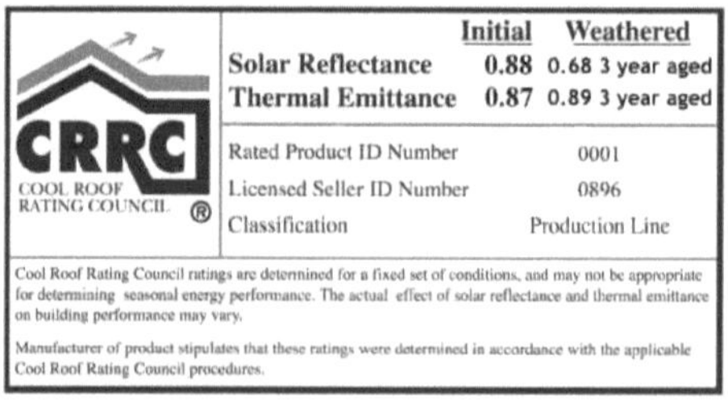

	Initial	Weathered
Solar Reflectance	0.88	0.68 3 year aged
Thermal Emittance	0.87	0.89 3 year aged
Rated Product ID Number		0001
Licensed Seller ID Number		0896
Classification		Production Line

Cool Roof Rating Council ratings are determined for a fixed set of conditions, and may not be appropriate for determining seasonal energy performance. The actual effect of solar reflectance and thermal emittance on building performance may vary.

Manufacturer of product stipulates that these ratings were determined in accordance with the applicable Cool Roof Rating Council procedures.

Figura 3.21: Rótulo medido do Cool Roof Rating Council para produtos de teste para telhados frios [30]

Nos países da UE, foi criado em 2011 um organismo semelhante com o nome de Conselho Europeu das Coberturas Frias (ECRC). Este reúne todas as forças motrizes para a promoção e adoção de coberturas frias na UE, com o objetivo de acelerar a transferência de conhecimentos, remover as barreiras de mercado, ajudar os fabricantes a desenvolver produtos para coberturas frias, educar o público e desenvolver incentivos e programas [31]. O sítio Web do ECRC oferece um glossário técnico, artigos sobre vários aspectos da utilização de telhados frios, publicações relacionadas com esta tecnologia e uma base de dados de materiais para telhados frios classificados por país e tipo de produto. É importante salientar que, até à data, não está a ser utilizado um mecanismo de rotulagem comparável ao implementado pelo CRRC nos EUA.

3.6 Referências do capítulo

[1] R. Levinson, P. Berdahl, H. Akbari, W. Miller, I. Joedicke, J. Reilly, Y. Suzuki, M. Vondran, Methods of creating solar-reflective nonwhite surfaces and their application to residential roofing materials, Solar Energy Materials and Solar Cells 91 (2007) 304-314

[2] R. Levinson, H. Akbari, P. Berdahl, Measuring solar reflectance - Part I: Defining a metric that accurately predicts solar heat gain, Solar Energy 84(2010)1717-1744

[3] EN 410 Norma Europeia, Vidro na construção - Determinação das caraterísticas luminosas e solares dos envidraçados, 2011

[4] C. Ferrari, A. Libbra, A. Muscio, C. Siligardi, Influência da irradiância nas medições de reflectância solar, Advances in Building Energy Research 7-2 (2013) 244-253

[5] ASTM G 173-03, Tabelas normalizadas para irradiações espectrais solares de referência: Normal Direta e Hemisférica em Superfície Inclinada a 37°, 2012

[6] A.L. Pisello et al., Experimental in-lab and in-field analysis of waterproof membranes for cool roof application and urban heat island mitigation, Energy and Buildings (2015), http://dx.doi.Org/10.1016/j.enbuild.2O15.05.026

[7] R. Albatici, F. Passerini, A. Tonelli, S. Gialanella, Avaliação do valor da emissividade térmica dos materiais de construção utilizando um emissómetro com técnica de termovisão por infravermelhos, Energy and Buildings 66 (2013), 3340

[8] N.P. Avdelidis, A. Moropoulou, Emissivity considerations in building thermography, Energy and Buildings 35 (2003) 663-667

[9] ASTM E 1980-01, Standard Practice for Calculating Solar Reflectance Index of Horizontal and Low-Sloped Opaque Surfaces, 2005

[10] V. Costanzo, G. Evola, L. Marietta, A. Gagliano, Avaliação adequada da transferência de calor por convecção externa para a análise térmica de telhados frios, Energy and Buildings 77 (2014) 467-477

[11] M. Santamouris, A. Synnefa, T. Karlessi, Utilização de materiais frios avançados no ambiente urbano construído para mitigar as ilhas de calor e melhorar as condições de conforto térmico, Solar Energy 85 (2011) 3085-3102

[12] R. Levinson, H. Akbari, P. Berdahl, K. Wood, W. Skilton, J. Petersheim, Uma nova técnica para a produção de telhas de betão e de asfalto de cores frias, Solar Energy Materials & Solar Cells

94 (2010)946-954

[13] R. Levinson, H. Akbari, J.C. Reilly, Cooler tile-roofed buildings with near-infrared-reflective non-white coatings, Building and Environment 42 (2007) 2591-2605

[14] A. Libbra, L. Tarozzi, A. Muscio, M. Corticelli, Dados de resposta espetral para o desenvolvimento de revestimentos de azulejos de cor fria, Optics & Laser Technology 43 (2011) 394-400

[15] E. Carnielo, M. Zinzi, Caracterização ótica e térmica de asfaltos frios para mitigar as temperaturas urbanas e a procura de arrefecimento dos edifícios, Building and Environment 60 (2013) 56-65

[16] T. Kinouchi, T. Yoshinaka, N. Fukae, M. Kanda, Desenvolvimento de um pavimento fresco com revestimento de cor escura de elevado albedo. Quinta Conferência sobre o Ambiente Urbano, Vancouver (2004)

[17] A. Synnefa, M. Santamouris, K. Apostolakis, Sobre o desenvolvimento, propriedades ópticas e desempenho térmico de revestimentos de cor fria para o ambiente urbano, Solar Energy 81 (2007) 488-497

[18] T. Asaeda, A. Wake, Heat storage of pavement and its effect on the lower atmosphere, Atmospheric Environment 30-3 (1996) 413-427

[19] S. Kultur, N. Turkeri, Avaliação do desempenho da reflectância solar a longo prazo de revestimentos de telhados medidos em laboratório e no terreno, Building and Environment 48 (2012) 164-172

[20] R. Paolini, M. Zinzi, T Poli, E. Carnielo, A.G. Mainini, Efeito do envelhecimento na reflectância espetral solar das membranas de cobertura: Exposição natural em Roma e Milão e o impacto nas necessidades energéticas dos edifícios comerciais, Energy and Buildings 84 (2014) 333-343

[21] E. Mastrapostoli at al., On the ageing of cool roofs: Medida da degradação ótica, análise química e biológica e avaliação do impacto energético, Energy and Buildings (2015), http://dx.doi.Org/10.1016/j.enbuild.2O15.05.030

[22] H. Takebayashi et al., Experimental examination of solar reflectance of high-reflectance paint in Japan with natural and accelerated aging, Energy and Buildings (2015), http://dx.d0i.Org/l 0.1016/j.enbuild.2O15.06.019

[23] H. Akbari, R. Levinson, L. Rainer, Monitoring the energy-use effects of cool roofs on California commercial buildings, Energy and Buildings 37 (2005)1007-1016

[24] D. Kolokotsa, C. Diakaki, S. Papantoniou, A. Vlissidis, Análise numérica e experimental da aplicação de coberturas frias num edifício de laboratório em Iraklion, Creta, Grécia, Energy and Buildings 55 (2012) 85-93

[25] A. Synnefa, M. Saliari, M. Santamouris, Avaliação experimental e numérica do impacto do aumento da reflectância da cobertura num edifício escolar em Atenas, Energy and Buildings 55 (2012) 7-15

[26] C. Romeo, M. Zinzi, Impacto de uma aplicação de telhado frio no desempenho energético e de conforto num edifício não residencial existente. Um estudo de caso siciliano, Energy and Buildings 67 (2013) 647-657

[27] E.Bozonnet, M. Doya, F. Allard, Impacto dos telhados frios na resposta térmica dos edifícios: Um estudo de caso francês, Energy and Buildings 43 (2011) 3006-3012

[28] M. Kolokotroni, B.L. Gowreesunker, R.Giridharan, Tecnologia de telhados frios em Londres: Um estudo experimental e de modelação, Energy and Buildings 67(2013) 658-667

[29] H. Akbari, H.D. Matthews, Actualizações sobre arrefecimento global: Reflective roofs and pavements, Energy and Buildings 55 (2012) 2-6

[30] Conselho de Classificação de Telhados Frios. Ligação: http://coolroofs.org/

[31] Conselho Europeu dos Tectos Frios. Ligação: http://coolroofcouncil.eu/index.php

CAPÍTULO 4

4. Descobrir o potencial de aplicabilidade dos Cool Roofs: Metodologia

Para generalizar tanto quanto possível as conclusões da avaliação das coberturas frias proposta neste livro, um modelo geométrico representativo do parque de edifícios de escritórios existentes na UE é derivado de um extenso estudo empírico.

São estudados vários climas, desde o quente Mediterrâneo ao frio do Norte da Europa, com o objetivo de explorar se, ou em que medida, as penalizações do aquecimento no inverno podem superar os benefícios do arrefecimento no verão resultantes da aplicação de telhados frios.

Em cada clima, e em cada período de colheita, a caraterização térmica do revestimento exterior (componentes opacos e envidraçados) varia de acordo com as suas caraterísticas típicas.

Em seguida, é efectuada uma análise paramétrica que tem em conta diferentes caraterísticas de conceção de telhados frios (forma do telhado, propriedades ópticas e resistência térmica) através de simulações dinâmicas.

Os resultados desta análise são apresentados em termos de condições de conforto térmico e de necessidades energéticas de ar condicionado, tendo em conta o processo de envelhecimento esperado da tinta fria devido à intempérie e à sujidade.

4.1 Um modelo "típico" de edifício de escritórios para os países da UE

A definição de um modelo geométrico típico de um edifício, com o objetivo de abranger a maior quantidade possível de diferentes configurações existentes, é algo complicado e, muitas vezes, não é "verdadeiramente representativo", dada a enorme quantidade de layouts de edifícios observados.

Em geral, os edifícios *de referência* representam edifícios "médios" que são modelados/simulados especificamente para estimar o consumo de aquecimento e arrefecimento.

Neste trabalho, com base num estudo empírico sobre o parque imobiliário existente na UE [1], é utilizado como referência para efeitos de modelação um *edifício de escritórios de três pisos em plano aberto.*

Na realidade, o projeto iNSPiRe [1] (ver também o capítulo 1) propõe uma disposição celular de um edifício de escritórios em que são consideradas seis zonas: duas células de escritório a meio da fila com uma parede exterior e uma célula em cada canto do edifício com duas paredes exteriores, enquanto todas as paredes interiores são consideradas adiabáticas. As células a meio da fila são assim multiplicadas no pós-processamento para obter resultados para todo o edifício, e o número de pisos varia (até sete) multiplicando os resultados para todo o piso. Todas as células de escritório têm a mesma dimensão e forma (retangular).

Os pisos considerados são o piso inferior, um piso intermédio e o piso superior, assumindo que não há transferência de calor entre dois pisos idênticos acima e abaixo.

No entanto, duas notas importantes sugerem que não se siga esta abordagem:

(i) é sabido que as coberturas frias representam uma solução eficaz de poupança de energia para edifícios com um máximo de dois ou três andares (edifícios baixos). Para os edifícios altos, os benefícios decorrentes da aplicação de telhados frios são negligenciáveis. Além disso, verifica-se que a grande maioria dos edifícios de escritórios existentes na UE tem 2-3 pisos (ver Quadro 4.1);

(ii) a utilização de uma disposição em plano aberto é coerente com os modelos propostos por outro estudo exaustivo realizado nos EUA [2], especialmente quando se trata de edifícios de escritórios de média a grande dimensão (cerca de 1000 m^2 por piso). Estas são as dimensões de piso mais difundidas na UE e permitem a comparação com as correspondentes nos EUA, também em termos de período de construção (ver Quadro 4.2), alargando assim a validade da metodologia proposta aos edifícios de escritórios existentes nos EUA.

Tabela 4.1: Percentagem da área útil por zona climática, período de construção e número de pisos [1]

	OFFICES - Period						OFFICE - nr floors		
	pre 1945	1945-1970	1970-1980	1980-1990	1990-2000	post 2000	2-3	4-5	>5
Southern Dry	32%	21%	11%	11%	12%	12%	76%	13%	11%
Mediterranean	25%	20%	9%	14%	16%	16%	76%	13%	11%
Southern Continental	5%	53%	11%	10%	10%	12%	58%	38%	3%
Oceanic	24%	22%	13%	19%	9%	12%	93%	7%	0%
Continental	20%	16%	15%	12%	20%	17%	60%	20%	20%
Northern Continental	20%	22%	14%	15%	11%	19%	78%	20%	2%
Nordic	19%	30%	20%	16%	6%	9%	80%	10%	10%

Quadro 4.2: Quantidade de área construída em cada período de referência [1-2]

	Pre-1980	Post-1980	New construction (after 2000)
EU	56%	28%	16%
US	46%	38%	16%

Com estas premissas, o edifício de referência tem cada piso de forma retangular e uma área de 1000 m² (67 x 15 m²), é envidraçado nas duas fachadas principais (orientadas a norte e a sul, respetivamente) e apresenta um Rácio Janelas/Paredes (RVP) de 0,4, um valor típico para esta tipologia de edifício [3]. O Rácio Cobertura/Paredes (RWR), definido como o rácio entre a área da cobertura e a área das paredes, é de 0,70. O esboço desta configuração base é apresentado na Fig. 4.1.

No que diz respeito ao tecido dos edifícios, o inquérito revelou que o principal material utilizado na estrutura dos edifícios de escritórios na UE-27 é o betão, com uma fachada de tijolo ou betão. As paredes-cortina também estão difundidas, especialmente nos edifícios construídos após a década de 1960, altura em que foram introduzidas as paredes-sanduíche pré-fabricadas. As paredes-cortina de vidro e/ou painéis de alumínio tornaram-se bastante típicas durante e após a década de 1980.

O Quadro 4.3 resume os tipos de construção para cada período de colheita apresentado no Quadro 4.2, e as cidades representativas dos diferentes climas da UE. A escolha das cidades será discutida em pormenor na secção 4.3, graças a uma análise climática aprofundada. As propriedades termofísicas dos materiais que formam as várias construções estão listadas no Quadro 4.4, enquanto os valores U resultantes estão resumidos no Quadro 4.5.

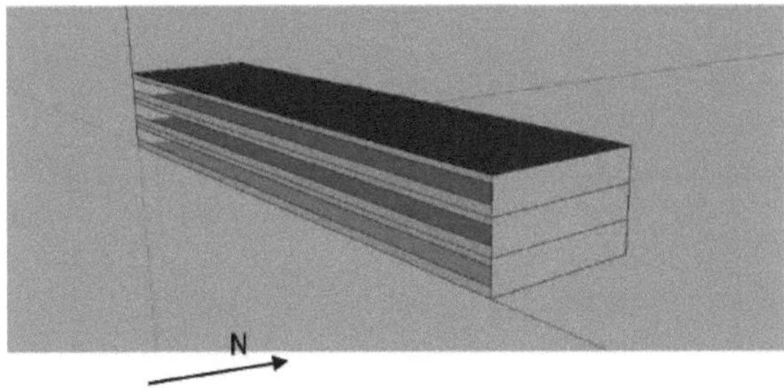

Figura 4.1: Vista em perspetiva do modelo de referência do edifício de escritórios (configuração base) [Autor].
Tabela 4.3: Tipos de construção para o período de vindima [1]

	Pre-1980	Post-1980	New construction (after 2000)
Walls	Concrete cladding on concrete pillars and beams	Concrete cladding on concrete pillars and beams	Aluminum and glass façade on concrete pillars and beams
Roof	Flat concrete roof with bitumised surface	Flat concrete roof with bitumised surface	Flat concrete roof with bitumised surface
Floors	As for roof, but with tiles in place of bitumen	As for roof, but with tiles in place of bitumen	As for roof, but with tiles in place of bitumen
Windows	Double-glazed with PVC frame	Double-glazed with aluminum frame	Double-glazed with aluminum frame (thermal cutting)

Tabela 4.4: Propriedades termofísicas dos materiais de construção opacos [Autor]

Materials	*Thickness* [cm]	*Density* [kg·m^{-3}]	*Specific heat* [J·kg^{-1}·K^{-1}]	*Conductivity* [W·m^{-1}·K^{-1}]
Walls – concrete cladding				
Lightweight concrete	10	1280	840	0.53
Wall insulation	variable	90	840	0.043
Gypsum board	2	800	1100	0.16
Walls – aluminum façade				
Aluminum	3	7820	500	45
Wall insulation	variable	90	840	0.043
*Air gap	$R = 0.15$ m^2 K W^{-1}			
Gypsum board	2	800	1100	0.16
Roof				
Roof membrane	1	1120	1460	0.16
Roof insulation	variable	265	840	0.057
Concrete	10	2250	840	1.311
Stucco	2	1860	840	0.69

*A caixa de ar é modelada através da sua resistência térmica R

É importante notar que os valores U listados na Tabela 4.5 são alcançados variando corretamente a espessura da camada de isolamento da construção. Para obter a lista completa dos valores indicados em [1], o leitor pode consultar o Anexo I em .

No que diz respeito às janelas, estas são introduzidas como sistemas de envidraçamento simples, detalhando o seu valor U e Coeficiente de Ganho de Calor Solar (SHGC), conforme recolhido do ASHRAE Handbook of Fundamentals [4] para as tipologias detalhadas na Tabela 4.3.

Tabela 4.5: Valores U para tipos de construção, período de colheita e cidade [1]

	Athens	2.20	2.70	5.00
	Madrid	2.20	1.40	5.80
Pre-1980	Rome	1.20	1.30	5.50
	Lyon	2.10	1.80	5
	London	1.70	1.80	4.90
	Stuttgart	1.50	1	2.90
	Athens	0.80	0.70	3.70
	Madrid	1.80	1	3.30
Post-1980	Rome	0.80	0.80	4.20
	Lyon	1.20	0.80	3.40
	London	0.70	0.50	4.60
	Stuttgart	0.90	0.50	1.90
	Athens	0.60	0.60	2.80
New	Madrid	0.90	0.60	2.80
construction	Rome	0.60	0.60	3.60
(after 2000)	Lyon	0.40	0.30	2.70
	London	0.40	0.20	1.80
	Stuttgart	0.40	0.30	1.30

4.2 Pressupostos das simulações e descrição dos parâmetros

A avaliação das condições de conforto térmico e do desempenho energético é efectuada utilizando o software de análise térmica dinâmica EnergyPlus v.8.1 [5].

A solução do campo térmico no interior das paredes no EnergyPlus é baseada no algoritmo de Diferenças Finitas de Condução. No que diz respeito à discretização da variável tempo, neste trabalho foi adotado um passo de tempo $\Delta\tau = 3$ minutos, uma vez que simulações adicionais permitiram verificar que não ocorrem alterações nos resultados se forem utilizados passos de tempo menores. Por outro lado, o intervalo espacial Δx é determinado pelo próprio software para cada material em função da *constante de discretização espacial* C:

$$C = \frac{\Delta x^2}{a \cdot \Delta\tau} \qquad (4.1)$$

em que *a* é a difusividade térmica.

O valor deste coeficiente pode ser introduzido pelo utilizador, e corresponde ao inverso do número de Fourier. Neste trabalho, foi escolhido C = 2, para garantir uma boa estabilidade da solução [6].

Os principais pressupostos da simulação, relativos aos ganhos de calor internos (pessoas + aparelhos eléctricos + iluminação artificial), às taxas de infiltração e ventilação e ao período de ocupação dos escritórios, são apresentados na Tabela 4.6 e são retirados de [1].

Tabela 4.6: Pressupostos de simulação comuns a todos os modelos [1]

People	Appliances	Artificial lighting	Infiltrations	Ventilation	Occupancy period
10 m²/person	12.5 W/m²	10.8 W/m² (*)	0.15 ACH	40 m³/h person from outside air	Weekdays: 8:30-12:30 and 13:30-17:30

(*) o valor original de 16 W/m² foi alterado para 10,8 W/m², que é considerado mais adequado para as lâmpadas incandescentes de halogéneo normalmente utilizadas em escritórios. As luzes devem estar acesas apenas durante o período de ocupação

Para as superfícies em contacto com o solo, é importante especificar as temperaturas adequadas do solo, especialmente quando se modelam edifícios baixos com formas de planta alargadas. Para prever com exatidão a temperatura da superfície do piso térreo, é utilizado o pré-processador de lajes integrado no EnergyPlus. Desta forma, as temperaturas médias mensais da superfície - diferentes para cada clima de acordo com os ficheiros meteorológicos - são utilizadas para a superfície do piso em contacto com o solo, e não um valor constante simplista ao longo do ano.

Quanto à estimativa das necessidades energéticas, é necessário definir as temperaturas de referência para o aquecimento e para o arrefecimento. Esta é uma tarefa muito difícil, uma vez que a escolha dos pontos de regulação afectaria fortemente o consumo de energia para o ar condicionado.

Além disso, tendo em conta as diferentes condições climáticas, uma temperatura de referência de arrefecimento demasiado baixa seria prejudicial para as necessidades de arrefecimento de um clima quente, embora não afectasse significativamente as de um clima frio. Vice-versa, uma temperatura de referência de aquecimento demasiado elevada agravaria as necessidades de aquecimento de um clima frio, enquanto as de um clima quente permaneceriam praticamente inalteradas.

Por último, a escolha de diferentes temperaturas de referência para cada clima mascararia o desempenho alcançado pelas coberturas frias, não permitindo assim uma comparação genuína entre vários climas.

Por todas estas razões, um set point de aquecimento de 18°C e um de arrefecimento de 26°C são utilizados em todo o lado, de acordo com os valores por defeito utilizados em [1]. Para comparar as necessidades energéticas devidas a diferentes set points, e com o objetivo de avaliar a robustez dos resultados da simulação apresentados no próximo capítulo, o leitor pode consultar o Apêndice II, onde são indicadas as necessidades energéticas dos modelos utilizados em [1].

Com o objetivo de avaliar até que ponto uma cobertura fria pode melhorar o desempenho térmico dos edifícios existentes, é efectuada uma análise paramétrica das principais caraterísticas da cobertura.

Os principais parâmetros a variar, enumerados no quadro 4.7, são os seguintes

(i) níveis de isolamento: estes valores são obtidos a partir do Quadro 4.5, em função da idade da construção e do clima;

(ii) Rácio telhado-paredes (RWR): mantendo uma área de piso de 1000 m² por piso, as dimensões do piso variam (67x15 m², 50x20 m² e 40x25 m²), obtendo-se assim diferentes valores de RWR;

(iii) reflectância solar do telhado (r): são considerados valores entre 0,3 e 0,8 - com um passo de 0,1 - para modelar tanto os materiais de cobertura tradicionais (baixa reflectância) como os materiais de cobertura frios (alta reflectância), bem como o processo de envelhecimento dos mesmos;

(iv) emissividade térmica do telhado (ε): são analisados valores que variam entre 0,8 e 0,9, com um intervalo de 0,02, para estudar o papel da troca de calor radiativa de onda longa.

Tabela 4.7: Caraterísticas do edifício utilizadas para a análise paramétrica [Autor]

Parameters	Values	Variations
Roof insulation levels	**pre 1980; Post 1980; New (post 2000)**	3
Roof to Walls Ratio (RWR)	**RWR=0.7; RWR=0.8; RWR=0.9**	3
Roof solar reflectance (r)	**From r=0.3 to r=0.8, with 0.1 step**	6
Roof thermal emissivity (ε)	**From ε=0.8 to ε=0.9, with 0.02 step**	6
	Number of models per city – *free running models*	*324*
	Number of models per city – *with HVAC system*	*324*
	Total number of models per city	**648**

4.3 Análise climática

A fim de estudar os parâmetros climáticos que afectam o desempenho das coberturas frias, foram escolhidas 6 cidades representativas de diferentes zonas climáticas da UE: Atenas (misto seco), Madrid (quente seco), Roma (quente húmido), Lyon (misto húmido), Londres (marinho) e Estugarda (frio).

A classificação climática actualizada de Kdppen-Geiger [7] é demasiado simplista para comparar os efeitos dos climas de diferentes cidades espalhadas por todo o mundo no desempenho dos edifícios passivos. Kdppen-Geiger centra-se no ambiente exterior do ponto de vista da fisiologia das plantas; o que é necessário na física dos edifícios é centrar-se no efeito provável da temperatura do ar, humidade, velocidade do vento e radiação solar no desempenho de um determinado edifício. Por exemplo, se um edifício for uma pequena casa, com um pequeno ganho de calor interno proveniente das pessoas e das luzes e uma superfície de perda de calor elevada em relação à sua área de superfície, então um clima frio pode muito bem exigir maioritariamente aquecimento; mas se for um grande edifício de escritórios com um grande ganho de calor interno proveniente das pessoas e das luzes e uma pequena área de superfície em relação ao seu volume condicionado, o mesmo clima "frio" de Kdppen-Geiger continuaria a exigir muito arrefecimento para eliminar os ganhos de calor internos.

Para efeitos de comparação, foi adoptada uma abordagem combinada que tem em conta tanto a classificação psicométrica Ecotect [8] como os valores médios mensais de verão da temperatura de bolbo seco, humidade relativa, velocidade do vento e radiação horizontal global - conforme recolhidos dos ficheiros meteorológicos TMY2 [9]. A Tabela 4.8 enumera as cidades selecionadas; a sua latitude (LAT), longitude (LON), graus-dia de aquecimento (HDD) e graus-dia de arrefecimento (CDD) também são apresentados. Os HDD e CDD foram calculados com base em 18,3 °C, de acordo com o Climate Design Data 2009 ASHRAE Handbook [4]. O Quadro 4.9 apresenta os valores médios mensais de verão (de junho a setembro) e de inverno (janeiro a março) de uma seleção de variáveis climáticas representativas.

Tabela 4.8: Cidades representativas de diferentes climas de latitude média com classificações de estilo Kdppen-Geiger [Autor]

Mixed dry	Hot dry	Hot humid	Mixed humid	Marine	Cold
Athens	*Madrid*	*Rome*	*Lyon*	*London*	*Stuttgart*
LAT: 37.90N	LAT: 40.27N	LAT: 41.47N	LAT:45.43N	LAT:51.90N	LAT: 48.40N
LON: 23.73E	LON: 3.32W	LON:12.13E	LON: 5.40E	LON: 0.10W	LON: 9.13E

HDD:1534°C	HDD:2023°C	HDD:1525°C	HDD:2588°C	HDD:2968°C	HDD:3490°C
CDD: 994°C	CDD: 612°C	CDD: 555°C	CDD: 309°C	CDD: 44°C	CDD: 106°C

Tabela 4.9: Caraterísticas climáticas dos diferentes locais (médias diárias de verão e inverno) [Autor]

Standard 'Koppen-Geiger' style Classes	Weather station	Dry bulb temperature (°C)	Relative humidity (%)	Global horizontal radiation (Wh m^{-2} hr^{-1})	Wind speed (m s^{-1})
SUMMER					
Mixed dry	Athens Eleftherios Arpt	25.2	51.7	493.2	2.7
Hot dry	Madrid Barajas Arpt	23.6	45.6	487.4	2.7
Hot humid	Rome Fiumicino Arpt	23.3	76.0	437.2	3.3
Mixed humid	Lyon Satolas Arpt	20.3	69.4	378.2	2.7
Marine	London Gatwick Arpt	16.3	73.8	307.7	2.9
Cold	Stuttgart Echterdingen Arpt	17.2	68.8	338.3	2.3
WINTER					
Mixed dry	Athens Eleftherios Arpt	10	66.3	272.7	3.0
Hot dry	Madrid Barajas Arpt	6.1	75.2	209.9	2.6
Hot humid	Rome Fiumicino Arpt	8.9	79.4	196.0	3.8
Mixed humid	Lyon Satolas Arpt	3.4	86.1	124.0	2.8
Marine	London Gatwick Arpt	4.5	84.8	94.3	3.3
Cold	Stuttgart Echterdingen Arpt	0.9	81.9	113.3	3.3

Parte da classificação dos climas envolveu o exame visual dos dados do Ano Meteorológico Típico (TMY) para cada cidade num gráfico psicométrico utilizando o software Climate Consultant [10]. Estes gráficos mostram claramente que os extremos climáticos muito maiores que a abordagem de Koppen-Geiger pretende documentar não se encontram na Europa, pelo que as tipologias climáticas simplistas são, na melhor das hipóteses, indicativas.

Analisando as Figs. 4.2-4.7, onde é apresentada uma representação psicométrica das condições do ar exterior (temperatura e humidade relativa) e a distribuição de frequências dos valores anuais da radiação global horizontal e da velocidade do vento para cada cidade, é possível observar as particularidades dos diferentes climas.

Com efeito, Atenas (seca mista), Madrid (seca quente) e Roma (húmida quente) partilham uma distribuição muito semelhante da temperatura do ar exterior e da radiação horizontal global, mas uma gama de humidade relativa diferente (a "nuvem" de pontos de Atenas e Roma está mais próxima da curva de saturação do que a de Madrid). Além disso, Atenas é caracterizada por velocidades do vento mais baixas do que Madrid e Roma.

Estas três cidades representam as condições climáticas mais quentes dos países da UE, pelo que são potencialmente os locais onde a aplicação de coberturas frias pode ser mais benéfica para reduzir os problemas de sobreaquecimento.

Quanto a Lyon (húmido misto) e Londres (marinho), partilham valores semelhantes de temperatura do ar exterior e de radiação horizontal global, mas níveis de humidade diferentes, uma vez que Lyon apresenta uma gama mais ampla de valores de humidade (os pontos estão mais dispersos no gráfico do que em Londres).

Estes dois climas são considerados como representando condições amenas típicas dos países da Europa Central.

Finalmente, as baixas temperaturas exteriores em Estugarda permitem caraterizar esta cidade como representativa de um clima "frio", diferente dos anteriores. Os climas mais frios, como os da Polónia, Noruega e Suécia, não são considerados porque são claramente dominados pelo aquecimento, e a aplicação de telhados frios a edifícios existentes aumentaria provavelmente as necessidades energéticas de ar condicionado, melhorando o conforto no verão de forma insignificante.

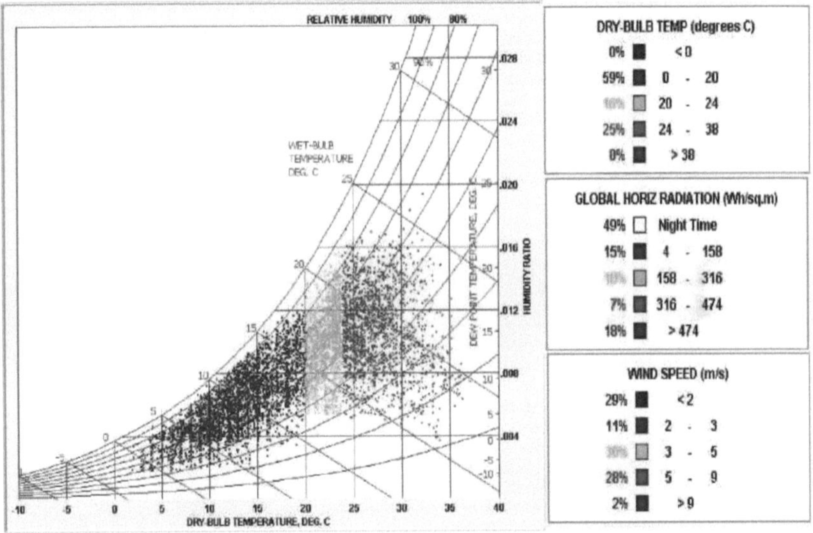

Figura 4.2: Gráfico psicométrico de Atenas e distribuições anuais de frequência da temperatura exterior, da radiação horizontal global e da velocidade do vento [Autor]

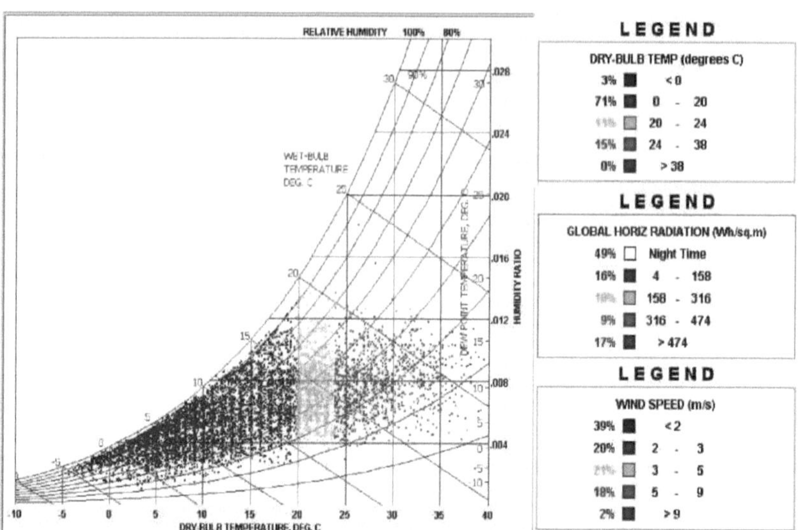

Figura 4.3: Carta psicométrica de Madrid e distribuições anuais de frequência da temperatura exterior, radiação global horizontal e velocidade do vento [Autor]

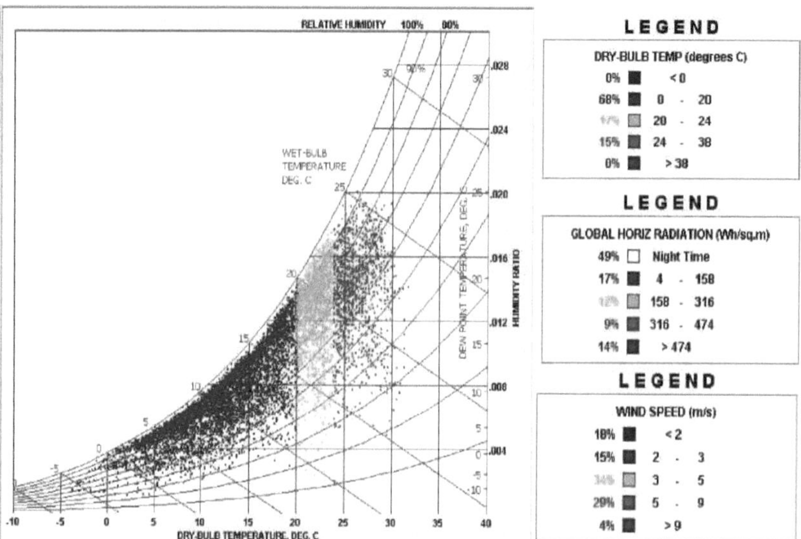

Figura 4.4: Carta psicométrica de Roma e distribuições anuais de frequência da temperatura exterior, radiação global horizontal e velocidade do vento [Autor]

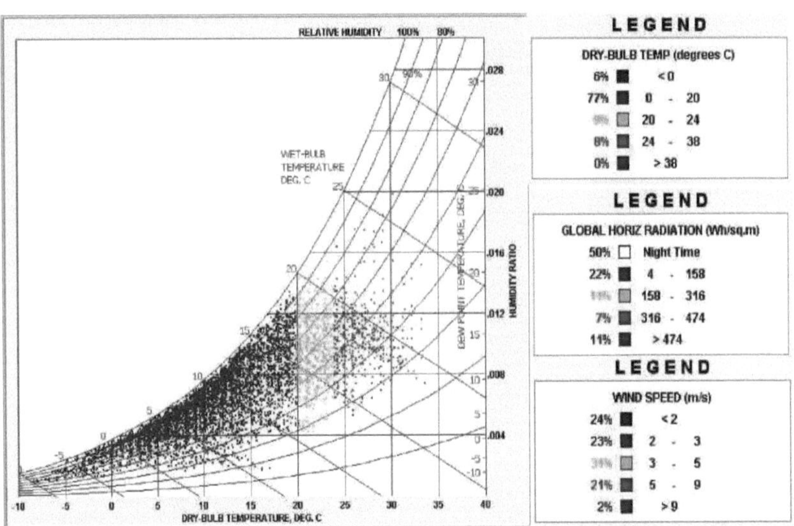

Figura 4.5: Gráfico psicométrico de Lyon e distribuições anuais de frequência da temperatura exterior, da radiação horizontal global e da velocidade do vento [Autor]

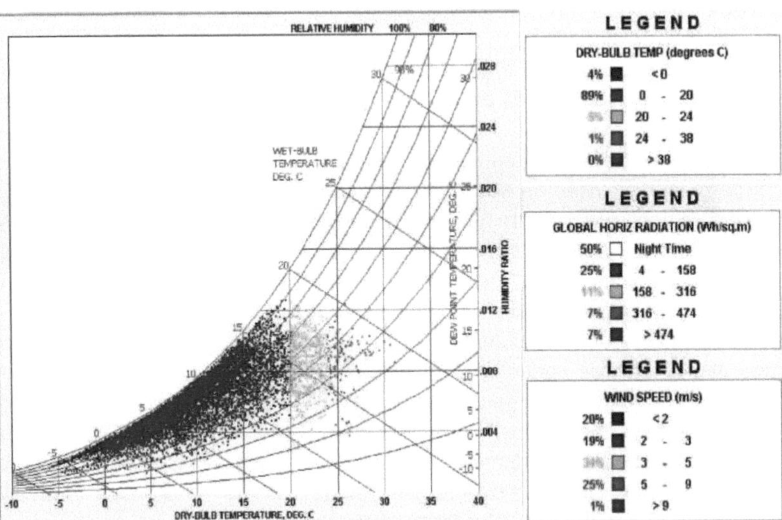

Figura 4.6: Gráfico psicométrico de Londres e distribuições anuais de frequência da temperatura exterior, radiação global horizontal e velocidade do vento [Autor]

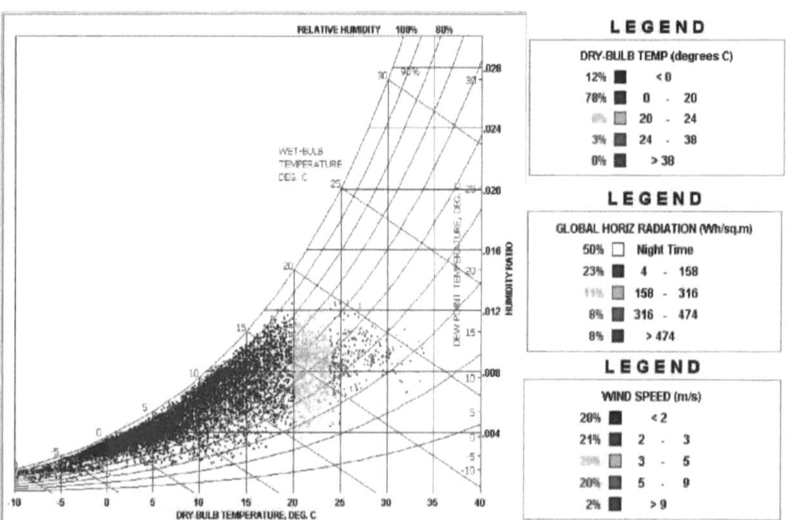

Figura 4.7: Gráfico psicométrico de Estugarda e distribuições anuais de frequência da temperatura exterior, da radiação horizontal global e da velocidade do vento [Autor]

4.4 Avaliação do conforto térmico: temperatura operatória e Índice de Intensidade do Desconforto Térmico (ITD)

Tradicionalmente, o modelo PMV-PPD para o conforto proposto por Fanger [11] é considerado o primeiro esforço na previsão das sensações de conforto dos ocupantes dos edifícios.

Esta abordagem, baseada num balanço energético em estado estacionário no corpo humano, permite a previsão da sensação térmica e da satisfação do conforto do corpo humano em função de quatro parâmetros relacionados com o ambiente interior (temperatura interna, velocidade do ar, humidade, temperatura radiante média) e dois parâmetros relacionados com os ocupantes (atividade e vestuário). Não é tida em conta qualquer correlação com as condições ambientais externas.

Este modelo, desenvolvido com base nos resultados de entrevistas realizadas em condições microclimáticas controladas (típicas de edifícios equipados com sistemas de AVAC), não é adequado para gerir o estado transitório que ocorre, por exemplo, em edifícios naturalmente ventilados, em edifícios sem sistemas de AVAC ou onde os ocupantes variam o seu comportamento e atividade. Isto significa que, para a maioria dos edifícios bioclimáticos, bem como para um grande número de edifícios renovados, a abordagem de Fanger pode não ser adequada.

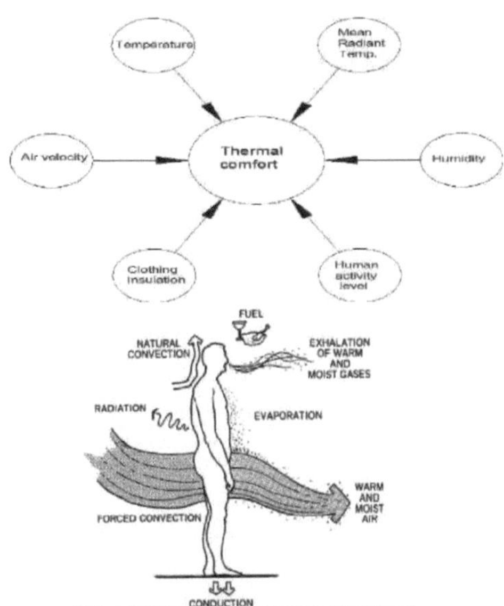

Figura 4.8: As seis variáveis que afectam o conforto térmico segundo a teoria de Fanger (esquerda) e o balanço energético num corpo humano (direita) [Internet]

Por outro lado, nos mesmos anos, o modelo adaptativo proposto por Nicol e Humphreys [12] afirmava que a interação das pessoas com o ambiente externo e interno permite uma gama de condições de conforto térmico mais ampla do que a admitida por um modelo em estado estacionário. Na verdade, as pessoas podem reagir a alterações no ambiente, tomando medidas adequadas ou alterando as suas atitudes, de modo a restabelecer uma condição de conforto, mesmo que o ambiente onde se encontram tenha sofrido alterações apreciáveis. De Dear e Brager [13] também sublinharam que as pessoas que vivem ou trabalham em edifícios naturalmente ventilados, onde podem abrir as janelas, se habituam a variações térmicas que reflectem os padrões climáticos locais.

Analisando um grande número de inquéritos realizados em todo o mundo sobre edifícios em funcionamento livre, Nicol e Humphreys [14] encontraram uma clara correlação entre a *temperatura operativa* de conforto e a *temperatura exterior média* medida nos dias anteriores. Por conseguinte, afirmaram que o conforto térmico em edifícios em funcionamento livre poderia ser avaliado apenas em função da temperatura interior de funcionamento, negligenciando assim todos os outros parâmetros contabilizados no modelo de Fanger, que teriam uma importância menor.

Assim, enquanto a abordagem de Fanger postula intrinsecamente a necessidade de um sistema para fornecer e manter condições térmicas óptimas no interior do edifício, a abordagem adaptativa limita-se a definir uma gama de temperaturas em que um ocupante pode encontrar o seu próprio conforto sem a ajuda de qualquer sistema de ar condicionado, se for livre de adaptar o seu comportamento.

Quando se estudam edifícios com baixa procura de energia, a abordagem adaptativa parece mais adequada, uma vez que não se postula um sistema AVAC e se cria uma ligação entre o comportamento humano, a sua interação com o ambiente e, consequentemente, a procura de energia do edifício. A importância desta abordagem tem vindo a aumentar nos últimos dez anos, tendo sido incluída pela primeira vez na norma ASHRAE 55 [15] e, mais recentemente, na norma EN 15251 [16],

Por todas estas razões, a *temperatura operativa* é considerada como o parâmetro físico que expressa as ocorrências de conforto térmico no interior do edifício, em *condições de flutuação livre* (ou seja, sem qualquer sistema AVAC a funcionar).

Uma forma eficaz de quantificar a intensidade da sensação térmica desconfortável devido ao sobreaquecimento num espaço habitacional é a medida da diferença entre a temperatura ambiente operacional e um valor limite; no entanto, a duração desse sobreaquecimento também deve ser tida em conta.

O valor da temperatura limite Tn_m depende da escolha de uma teoria específica de conforto térmico. Tal como referido anteriormente, é escolhida a abordagem adaptativa, tal como descrito na norma ISO EN 15251 [16]; por conseguinte, o valor-limite não é constante no tempo, mas deve ser determinado diariamente em função da temperatura média do ar exterior T_m (ver Fig. 4.8).

A formulação da temperatura-limite é dada na Eq. (4.2) e corresponde ao limite superior Tum^1 da categoria I, tal como introduzido pela norma EN (elevado nível de expetativa):

$$\begin{cases} T_{lim}^I = 20.8 + 0.33 \cdot T_{rm} \\ T_{lim}^{II} = 16.8 + 0.33 \cdot T_{rm} \end{cases} \qquad (4.2)$$

Quanto à temperatura exterior média em curso T^{TM}, a norma EN define-a como uma ponderação exponencial da temperatura média diária do ar exterior do dia anterior Ted-r.

$$T_{rm} = (1-\alpha) \cdot T_{ed-1} + \alpha \cdot T_{rm-1} \qquad (4.3)$$

em que ar é uma constante entre 0 e 1 (recomenda-se 0,8) e Tm-i é a temperatura média do dia anterior.

A Figura 4.9 apresenta um exemplo dos limites de conforto adaptativo - da categoria I mais restritiva à categoria III mais tolerante - para a cidade de Lyon em agosto. A temperatura média de funcionamento exterior é também indicada para dar um exemplo de como as condições térmicas exteriores estão muitas vezes fora dos limites de conforto.

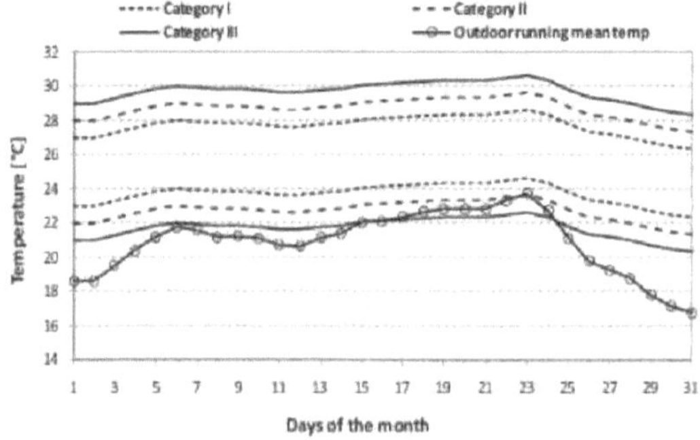

Figura 4.9: Categorias de conforto adaptativo para a cidade de Lyon, agosto [17]

Com o objetivo de fornecer uma informação concisa sobre as ocorrências de sobreaquecimento durante o ano numa divisão, será adotado um indicador denominado Intensidade do desconforto térmico por sobreaquecimento (ITD$_{over}$), introduzido por Sicurella et al. [17].

Define-se como o integral no tempo, durante o período de ocupação P (definido no quadro 4.6), das diferenças positivas entre a temperatura atual de funcionamento e o limiar superior de conforto definido para a categoria I:

$$ITD_{over} = \int_P \Delta T^+(\tau) \, d\tau \qquad (4-4)$$

onde

$$\Delta T^+ = \begin{cases} T_{op}(\tau) - T_{lim}^I(\tau) & \text{if } T_{op}(\tau) > T_{lim}^I(\tau) \\ 0 & \text{if } T_{op}(\tau) < T_{lim}^I(\tau) \end{cases} \qquad (4.5)$$

Para melhor clarificar este conceito, a Fig. 4.10 apresenta uma representação gráfica do significado físico do ITD .

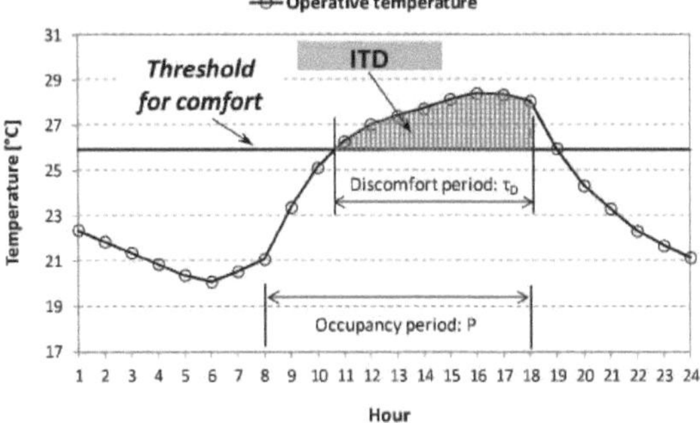

Figura 4.10: Definição do índice de Intensidade do Desconforto Térmico (ITD) [17]

4.5 Avaliação das necessidades energéticas: Consumo de energia primária (PE)

A avaliação das necessidades energéticas é efectuada, em primeiro lugar, através da estimativa das cargas de aquecimento e arrefecimento do edifício - tal como indicado nos resultados das simulações dinâmicas - assumindo uma instalação ideal sempre capaz de satisfazer as cargas térmicas.

Em seguida, é efectuado o cálculo do consumo global (aquecimento + arrefecimento) de energia primária (PE).

Para tal, é necessário definir as soluções de instalação adoptadas para fornecer aquecimento e arrefecimento ao edifício de referência. De facto, o consumo de energia eléctrica depende muito da eficiência da tecnologia energética utilizada, que é expressa pelo rácio de energia primária (PER). Neste estudo, o ar condicionado no verão deve ser baseado em unidades ventilo-convectoras alimentadas por um refrigerador elétrico reversível de compressão de vapor ar-água. No que diz respeito ao aquecimento ambiente, são consideradas bombas de calor eléctricas reversíveis ar-água. De facto, estas são duas das soluções mais comuns para edifícios de escritórios nos países da UE.

Além disso, é provável que os resultados de tal investigação também dependam das condições climatéricas locais e, especialmente, da duração das estações de aquecimento e arrefecimento. Para efeitos de comparação entre diferentes climas, o cálculo do consumo de PE será efectuado para todas as cidades anteriormente discutidas numa base anual.

As necessidades anuais globais de PE para arrefecimento e aquecimento de espaços são expressas pela Equação (4.6):

$$PE = \frac{Q_s}{PER_s} + \frac{Q_w}{PER_w} \qquad (4.6)$$

Aqui, o primeiro complemento é o consumo de PE para arrefecimento no verão (s), enquanto o segundo é o consumo de PE para aquecimento no inverno (w). Os rácios de energia primária PER_s e PER_w dependem da configuração da central e estão resumidos na Tabela 4.10, onde o valor 0,46 representa a eficiência média para a produção e distribuição de energia eléctrica na UE [18].

Tabela 4.10: Rácio de energia primária (PER) para diferentes soluções de instalações [Autor]

Air-cooled vapour-compression chiller	$PER_s = EER \cdot 0.46$
Air-to-water Heat Pump	$PER_w = COP \cdot 0.46$

Para o cálculo da eficiência do sistema, foram assumidos os valores médios indicados na Tabela 4.11. De facto, os valores EER e COP dependem fortemente das condições exteriores para as bombas de calor ar-água.

Com o objetivo de tomar em devida consideração este fenómeno, os coeficientes médios de desempenho listados na Tabela 4.11 são calculados através da regressão dos valores de eficiência horária de uma bomba de calor eléctrica reversível existente em função da temperatura exterior T_o.

As equações de regressão, para o cálculo dos valores médios de EER e COP, são apresentadas nas Eqs. (4.7-4.8), respetivamente.

$$EER = 0.0022 \cdot T_o^2 - 0.3665 \cdot T_o + 10.72 \tag{4.7}$$

$$COP = 0.0823 \cdot T_o + 2.772 \tag{4.8}$$

Como se pode observar, o Rácio de Eficiência Energética (EER) do chiller e o Coeficiente de Desempenho (COP) da bomba de calor não são os mesmos. Em climas frios (Londres e Estugarda), o chiller comporta-se melhor do que em climas quentes (Atenas, Madrid e Roma). Por outro lado, a bomba de calor é altamente penalizada num clima frio como Estugarda (COP = 2,93), enquanto é muito eficiente em climas quentes (Atenas, COP = 3,71).

Estas diferenças podem afetar o desempenho energético global dos edifícios com coberturas frias e, consequentemente, a sua conveniência, como se verá no próximo capítulo.

Quadro 4.11: Coeficientes de desempenho médios para aparelhos de ar condicionado de verão e de inverno [Autor]

	Athens	Madrid	Rome	Lyon	London	Stuttgart
EER	2.73	3.43	3.48	4.13	4.71	4.56
COP	3.71	3.34	3.58	3.13	3.21	2.93

4.6 Referências do capítulo

[1] Relatórios do projeto iNSPiRe D2.1a-D2.1c (2014). Inquérito sobre as necessidades energéticas e as caraterísticas arquitectónicas do parque imobiliário da UE. Obtido em março de 2015 em http://www.inspirefp7.eu/about-inspire/downloadable- reports/

[2] Relatório NREL (2011). U.S. Department of Energy Commercial Reference Building Models of the National Building Stock. Recuperado em março de 2015 de http://energy. gov/eere/buildings/commercial-reference- buildings

[3] L. Bellia, F. De Falco, F. Minichiello, Efeitos dos dispositivos de proteção solar nas necessidades energéticas de edifícios de escritórios autónomos em climas italianos, Applied Thermal Energy 54 (2013) 190-201

[4] ASHRAE Handbook of Fundamentals, Sociedade Americana de Engenheiros de Aquecimento, Refrigeração e Ar Condicionado, The Society, Atlanta, 2009

[5] Departamento de Energia dos EUA, EnergyPlus versão 8.1, 2014. http://apps1.eere.energy. gov/buildings/energyplus

[6] PC. Tabares-Velasco, C. Christensen, M. Bianchi, Verificação e validação do modelo de material de mudança de fase EnergyPlus para conjuntos de paredes opacas, Building and Environment 54 (2012) 186-196

[7] M. Kottek, J. Grieser, C. Beck, B. Rudolf, F. Rubel, Mapa mundial da classificação climática de Kbppen-Geiger atualizado, Meteorologische Zeitschrift 15-3(2006) 259-263

[8] Frequência natural. WeatherTool: Psicometria. Recuperado em março de 2015 de http://wiki.naturalfrequency.com/wiki/WeatherTool/Psychrometry

[9] Marion W, Urban K. User's manual for TMY2s Typical Meteorological Years (1995). Recuperado em março de 2015 em http://rredc.nrel.gov/solar/pubs/tmv2/

[10]   UCLA Energy Design Tools Group, Climate Consultant v.6.0, 2015. http://www.energy-design-tools.aud.ucla.edu/

[11] P.O. Fanger, Thermal Comfort-Analysis and Applications in Environmental Engineering Copenhaga, Danish Technical Press, 1970

[12] J. F. Nicol, M.A. Humphreys, Thermal comfort as part of a selfregulating system, in: Proceedings of the CIB Symposium on Thermal Comfort, Building Research Establishment, Watford, UK, 1972

[13] R.J. De Dear, G.S. Brager, Thermal comfort in naturally ventilated buildings: revisions to ASHRAE Standard 55, Energy and Buildings 34 (2002) 549-561

[14] J.F. Nicol, M.A. Humphreys, Adaptive Thermal comfort and sustainable thermal standards for buildings, Energy and Buildings 34 (2002) 563-572

[15] Norma ASHRARE 55, 2004, Condições Ambientais Térmicas para Ocupação Humana, Atlanta, ASHARAE Inc.

[16] Norma EN 15251, 2007, Parâmetros de entrada do ambiente interior para a conceção e avaliação do desempenho energético dos edifícios, abordando a qualidade do ar interior, o ambiente térmico, a iluminação e a acústica

[17] F. Sicurella, G. Evola, E. Wurtz, Uma abordagem estatística para a avaliação do conforto térmico e visual em edifícios de funcionamento livre, Energy and Buildings 47 (2012) 402-410

[18] Tendências e Políticas de Eficiência Energética nos Sectores Doméstico e Terciário. Análise de Ana com base nos bancos de dados ODYSSEE e MURE (2015). Obtido em outubro de 2015 de http://www.odyssee-   mure.eu/publications/br/energy-efficiency-trends-policies-buildings.pdf

5. Avaliação durante todo o ano: simulações dinâmicas

A avaliação do desempenho anual de diferentes soluções de cobertura, para vários climas europeus e caraterísticas da cobertura, será apresentada neste capítulo em termos de conforto térmico (secção 5.1) e necessidades de energia primária (secção 5.2).

A metodologia seguida, descrita em pormenor no Capítulo 4, é a de uma análise paramétrica exaustiva das principais caraterísticas que afectam o desempenho das coberturas frias (ou seja, as suas propriedades ópticas, como a reflectância solar e a emissividade térmica) e o balanço energético das coberturas em geral (rácio cobertura-paredes e transmitância térmica, nomeadamente).

A grande quantidade de modelos simulados - 648 por cada cidade, resultando assim em 3888 modelos finais - levantou a questão de filtrar de alguma forma os resultados, mantendo a maior quantidade possível de informação. Este problema será abordado em cada uma das secções seguintes, discutindo em que medida alguns parâmetros têm uma influência negligenciável nos resultados.

Finalmente, a Secção 5.3 tratará de um estudo de viabilidade económica da aplicação de coberturas frias em edifícios de escritórios existentes, com base nas poupanças de energia esperadas, conforme evidenciado pelas simulações.

5.1 Conforto térmico e redução das ocorrências de sobreaquecimento

As simulações de conforto térmico têm como objetivo mostrar como as coberturas frias podem melhorar as condições de conforto no verão em funcionamento livre, ou seja, sem a ajuda de qualquer sistema AVAC a funcionar.

Dado o grande número de modelos considerados (648 por cada cidade), é necessário um critério de filtragem. Para o efeito, foi adotado o seguinte procedimento:

(i)   os primeiros 10% dos modelos (32 modelos) que apresentam o menor número de horas durante as quais a temperatura de funcionamento ultrapassa o valor-limite Top = 26°C foram designados *"modelos de ¹melhor conforto"*. Por outro lado, os últimos 10% dos modelos que apresentam o maior número de horas durante as quais a temperatura de funcionamento ultrapassa o valor limiar foram designados por *"piores modelos de conforto"]*

(ii) foram estudadas as caraterísticas comuns entre os melhores e os piores modelos, respetivamente. Esta tarefa deu a oportunidade de negligenciar alguns parâmetros que têm pouca influência nos resultados;

(iii) os modelos resultantes foram analisados parametricamente, variando as caraterísticas mais importantes. Isto levou-nos a considerar 54 modelos por cidade.

Os resultados do procedimento de filtragem descrito acima mostraram como os melhores modelos de conforto partilham as mesmas caraterísticas para cada cidade analisada. Mais detalhadamente, os edifícios com melhor desempenho são aqueles com um Rácio Telhado/Paredes (RWR) de 0,9, uma envolvente boa mas não excessivamente isolada (períodos de colheita pré-1980 e pós-1980), e os valores mais elevados possíveis tanto de reflectância solar (r = 0,8) como de emissividade térmica (e = 0,9). De facto, um valor elevado de RWR aumentaria o peso da cobertura no balanço energético do edifício, enquanto uma envolvente pouco isolada (componentes opacos e envidraçados) permitiria uma libertação mais fácil e mais rápida de calor para o exterior. Por sua vez, valores elevados de reflectância solar e de emissividade térmica do material frio aplicado à cobertura reduziriam fortemente a quantidade de fluxo de calor que entra pela cobertura (durante o dia) e aumentariam a descarga de calor por irradiação (principalmente durante a noite), embora a influência da emissividade térmica seja considerada de importância secundária.

Por outro lado, os piores modelos de conforto são aqueles com RWR = 0,7, construídos depois de 2000 (período de nova construção) e com os valores mais baixos tanto para a reflectância solar (r = 0,3) como para a emissividade térmica (£ = 0,8). De facto, para estes modelos, a contribuição da superfície da cobertura para o balanço energético do edifício é a mais baixa e as propriedades ópticas do material frio são as menos consideradas. Além disso, uma envolvente bem isolada reduziria a quantidade de fluxo de calor que entra no edifício, mas à custa de uma menor libertação para o exterior, aumentando assim o desconforto do sobreaquecimento.

Nas subsecções seguintes, apenas os melhores modelos de conforto serão discutidos para cada cidade, traçando a distribuição da temperatura operacional para um mês de verão representativo e calculando o Índice de Desconforto Térmico (ITD) para todo o ano. Desta forma, é fornecida uma representação detalhada (mas limitada no tempo) e a longo prazo do desempenho térmico devido à utilização de materiais frios.

A zona térmica escolhida para estas análises é o piso superior, uma vez que os pisos intermédios e térreos são apenas ligeiramente influenciados pela aplicação de uma cobertura fria.

5.1.1 *Distribuição da temperatura operacional durante um mês típico de verão*

A distribuição da temperatura operacional durante o mês de julho será representada num gráfico que mostra os limites de conforto sugeridos na norma EN 15251.

Tal como já foi referido no Capítulo 4, estes limites são dependentes do clima através da temperatura exterior média em curso, pelo que os valores-limite para a classificação da temperatura operativa - da Categoria I mais restritiva (linhas vermelhas) à Categoria III mais permissiva (linhas verdes) - variam consoante as cidades. Cada ponto do gráfico representa o valor da temperatura operativa atingida na zona térmica do piso superior para cada hora simulada.

Os modelos escolhidos para este tipo de representação são aqueles com os valores mais altos/baixos de reflectância solar r dentro do grupo de modelos de melhor conforto (r= 0,8 e r= 0,3). De facto, a partir de análises preliminares, verificou-se que r é o parâmetro que mais afecta o conforto térmico, seguido do nível de isolamento térmico (ou seja, idade de construção) e do valor RWR. Não se observam diferenças apreciáveis ao alterar os valores de emissividade térmica no intervalo 0,8-0,9.

Se olharmos para os resultados do clima seco misto de Atenas (Fig. 5.1), é possível notar como, quando r = 0,8 (gráfico superior), durante uma grande parte do tempo (quase 50%) a temperatura operativa está dentro dos limites de conforto da Categoria I (26°C $_{<T_{(op)}}$< 30°C), estando fora da maior faixa de conforto definida pela Categoria III ($T_{(op)}$> 32°C) durante 13% do tempo.

Por outro lado, quando se utiliza um material de cobertura com r = 0,3 (gráfico inferior), a temperatura operativa está muitas vezes acima do limite superior de conforto (64% do tempo) e raramente (10%) dentro da Categoria I de conforto.

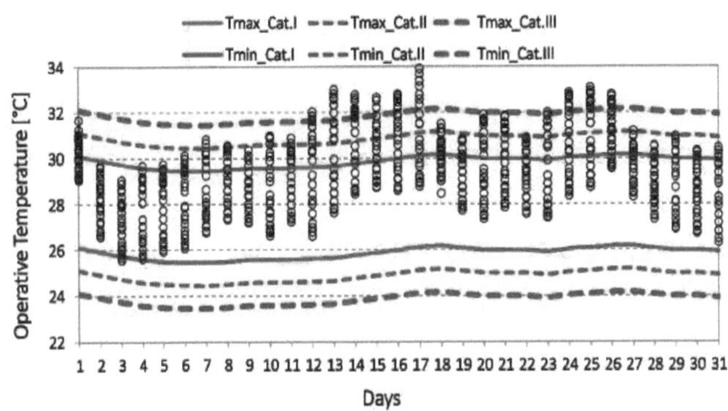

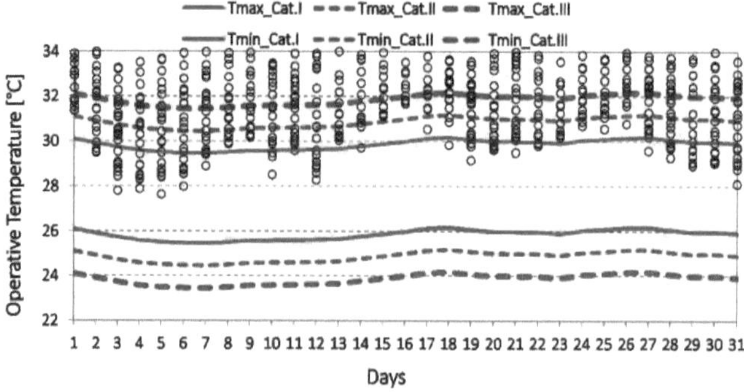

Figura 5.1: Distribuição da temperatura operacional durante o mês de julho para os melhores modelos térmicos de Atenas. Em cima: r= 0,8. Em baixo: r = 0,3 [Autor]

Resultados semelhantes são encontrados para o clima quente e seco de Madrid (Fig. 5.2), onde durante 40% do tempo a temperatura de funcionamento está dentro dos limites da Categoria I (25°C $_{<T(op)}$< 29°C) e durante 28% do tempo está acima do limiar superior de conforto ($T_{(op)}$> 31 °C), quando é utilizado um revestimento altamente refletor (r= 0,8).

Se a reflectância solar do telhado baixar para 0,3 (gráfico inferior), em metade do tempo a temperatura é demasiado quente (T_{op} > $_{T(ma)}$x_catiii) e em apenas 11% do tempo está dentro dos limites mais restritivos da Categoria I.

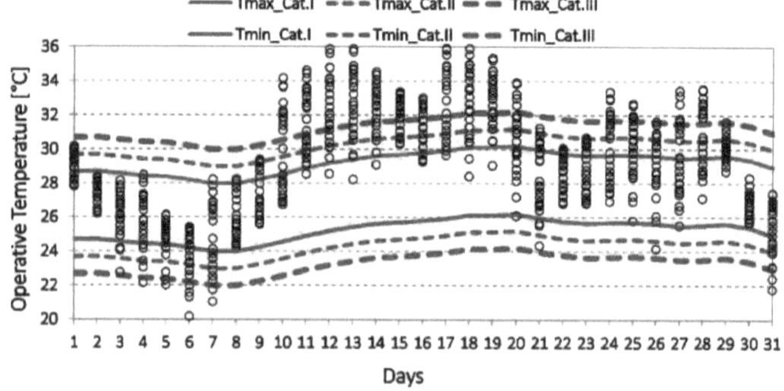

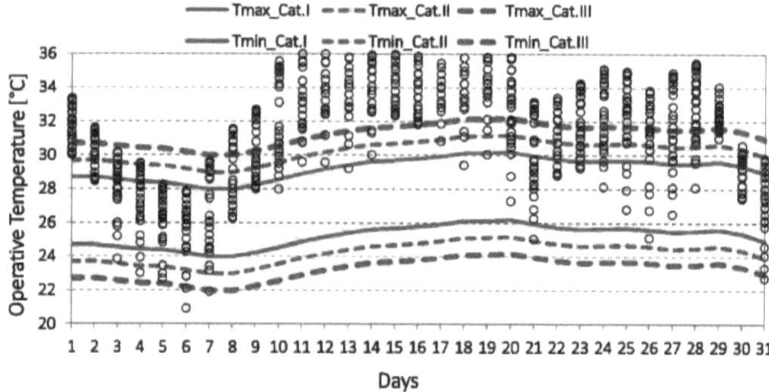

Figura 5.2: Distribuição da temperatura operacional durante o mês de julho para os melhores modelos térmicos de Madrid. Em cima: r = 0,8. Em baixo: r = 0,3 [Autor]

72

A adoção de uma tinta fria com $r = 0,8$ é uma estratégia muito impressionante para melhorar as condições de conforto num clima quente e húmido como o de Roma. De facto, se olharmos para a parte superior da Fig. 5.3, é claramente visível como a temperatura de funcionamento está muitas vezes (cerca de 71% do tempo) dentro dos limites de conforto da Categoria I (24°C $_{<T_{(op)}}$< 28°C), estando durante o tempo restante dentro dos limites da Categoria II .

Pelo contrário, se for utilizada uma camada de acabamento do telhado com $r = 0,3$ (Fig. 5.3 em baixo), os resultados são fortemente agravados, uma vez que T_{op} está fora dos limites de conforto durante 20% do tempo, por ser demasiado elevado, e durante o resto do tempo está dentro das outras categorias de conforto em proporções quase iguais.

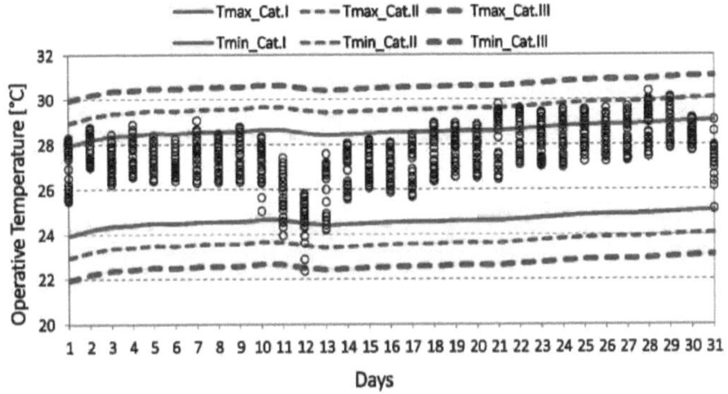

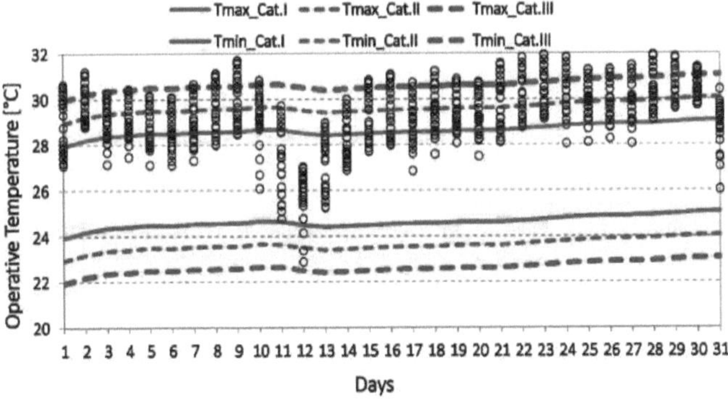

Figura 5.3: Distribuição da temperatura operacional durante o mês de julho para os melhores modelos térmicos de Roma. Em cima: r= 0,8. Em baixo: r= 0,3 [Autor]

Esperam-se diferenças mais pequenas decorrentes da utilização de materiais altamente reflectores em vez de materiais pouco reflectores para climas amenos e frios. De facto, quando se considera o clima húmido misto de Lyon (Fig. 5.4), espera-se que a temperatura operacional esteja dentro dos limites da Categoria I (23°C< $_{T_{(op)}}$ <27°C) durante 43% do tempo e fora dos limites de sobreaquecimento (T_{op}> Tmax Catin) durante apenas 8% do tempo quando r= 0,8.

Por outro lado, há horas (20% do total) durante as quais Top está abaixo do limiar de conforto definido por T_{min}_cat m, pelo que são de esperar temperaturas demasiado baixas.

Se considerarmos $r = 0,3$ (Fig. 5.4 em baixo), as horas de desconforto por sobreaquecimento aumentam até 22%, enquanto as horas de desconforto por temperaturas demasiado baixas são reduzidas para 9% do tempo.

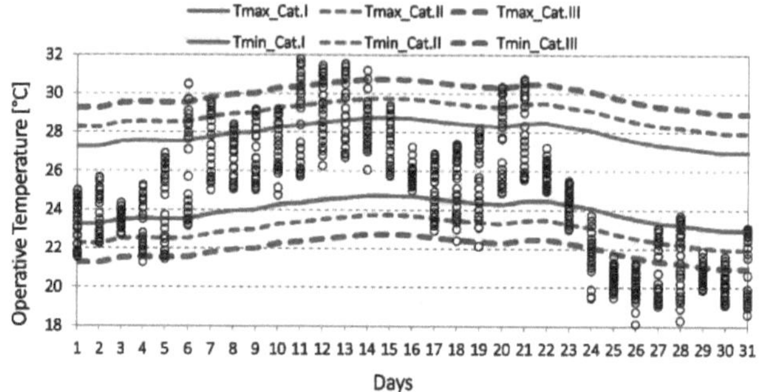

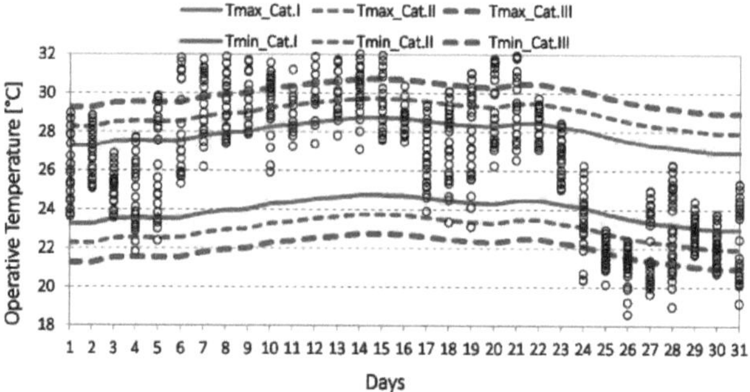

Figura 5.4: Distribuição da temperatura operacional durante o mês de julho para os melhores modelos térmicos de Lyon. Em cima: r = 0,8. Em baixo: r= 0,3 [Autor]

Considerando o clima marítimo de Londres (Fig. 5.5), verifica-se que as temperaturas estão dentro dos limites mais restritivos do conforto (23°C $_{<T_{(op)}}$ <27°C) durante 35% do tempo e fora do limite definido por Tmin_cat 111 (temperaturas demasiado baixas) durante 29% do tempo, quando é utilizado um material frio com r= 0,8.

Se for utilizada uma camada exterior de cobertura com r = 0,3 (Fig. 5.5 em baixo), as condições de conforto são ainda melhores, uma vez que agora a T$_{op}$ está dentro da categoria I durante 52% do tempo e o número de horas de desconforto devido a baixas temperaturas é reduzido de 29% para 21%.

Esta é uma descoberta muito interessante que sugere que os materiais frios podem ser prejudiciais para fins de conforto se aplicados a edifícios localizados em climas amenos a frios, e isto é confirmado pela análise dos resultados para a cidade de Estugarda (Fig. 5.6).

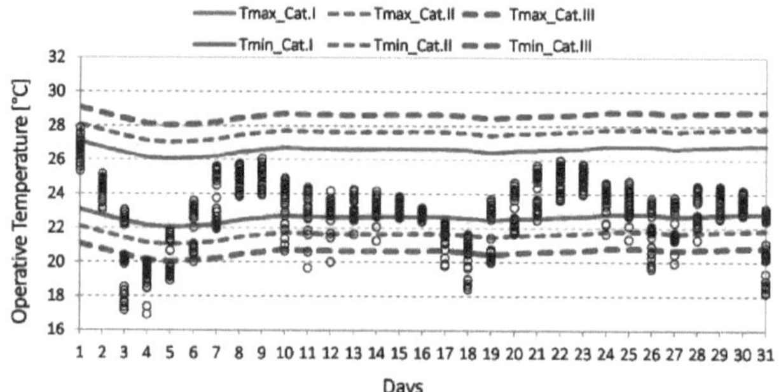

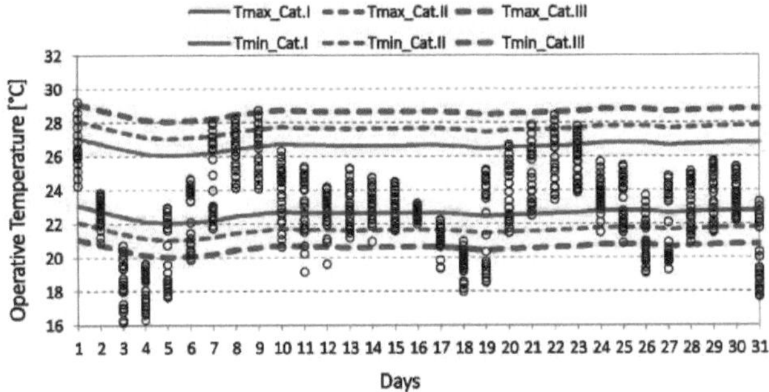

Figura 5.5: Distribuição da temperatura operativa ao longo do mês de julho para os melhores modelos de Londres. Em cima: r = 0,8. Em baixo: r= 0,3 [Autor]

Para este clima frio, se for utilizado um material frio com *r*= 0,8, a percentagem de tempo durante o qual a temperatura de funcionamento está dentro da zona de conforto mais restritiva (23°C $_{<T(op)}$ <27°C) seria de 40%, enquanto apenas algumas horas estariam fora dos limites mais amplos definidos pela Categoria III (3% das horas com temperaturas demasiado altas e 15% com temperaturas demasiado baixas, respetivamente).

Quando se considera uma cobertura com *r* = 0,3, o número de horas de sobreaquecimento aumentaria de 3% para 6%, enquanto as horas abaixo de Tmin_cat m seriam reduzidas para cerca de 8%.

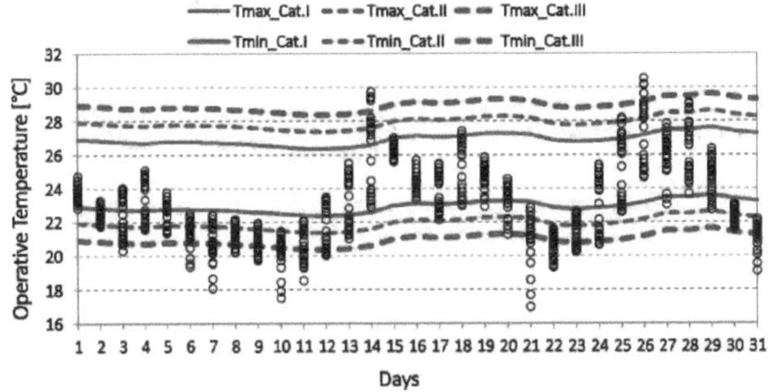

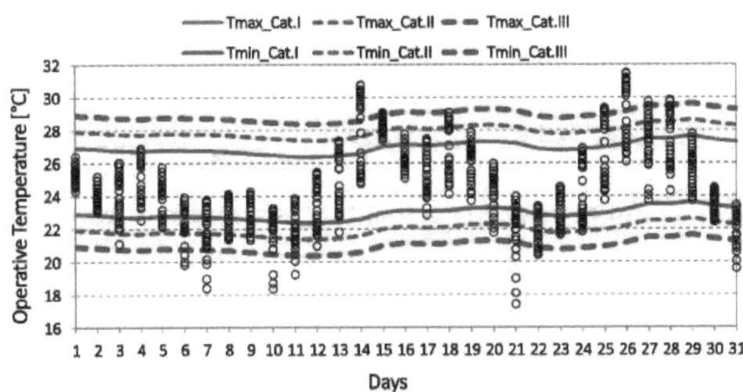

Figura 5.6: Distribuição da temperatura operacional durante o mês de julho para os melhores modelos térmicos de Estugarda. Em cima: r = 0.8. Em baixo: r = 0,3 [Autor]

Estes resultados parecem sugerir que os materiais frios devem ser cuidadosamente utilizados em climas amenos e frios, como os de Lyon, Londres e Estugarda, numa perspetiva de conforto.

Isto é mostrado na Fig. 5.7, que apresenta, para cada cidade, a percentagem de horas de desconforto (ou seja, as que se situam fora da banda de conforto maior definida pela Cat. III) devido a temperaturas demasiado altas *(out max)* ou demasiado baixas *(out min)*.

É notável sublinhar que, apesar de a utilização de uma tinta fria *(r = 0,8)* dividir sempre para metade o número de horas de desconforto devido ao sobreaquecimento (out max) em comparação com um telhado pouco refletor *(r = 0,3)*, podem ser atingidas temperaturas demasiado baixas (out min) para climas amenos e frios como os de Lyon, Londres e Estugarda. Nestas cidades, as horas de desconforto devido às baixas temperaturas quase duplicam quando se passa de $r = 0,3$ para $r = 0,8$.

Não será calculado um aumento provável das horas de desconforto devido às baixas temperaturas no inverno, uma vez que durante a estação fria o sistema AVAC será fundamental para manter as temperaturas dentro de um intervalo confortável, também para os climas quentes de Atenas e Madrid.

De qualquer modo, são necessárias mais análises para investigar o conforto térmico, pelo que uma avaliação a longo prazo das condições de conforto será abordada na próxima secção.

Esta tarefa será realizada através do cálculo do Índice ITD para os melhores modelos de conforto em cada cidade, variando parâmetros como a reflectância solar, a transmitância térmica e o rácio telhado-paredes.

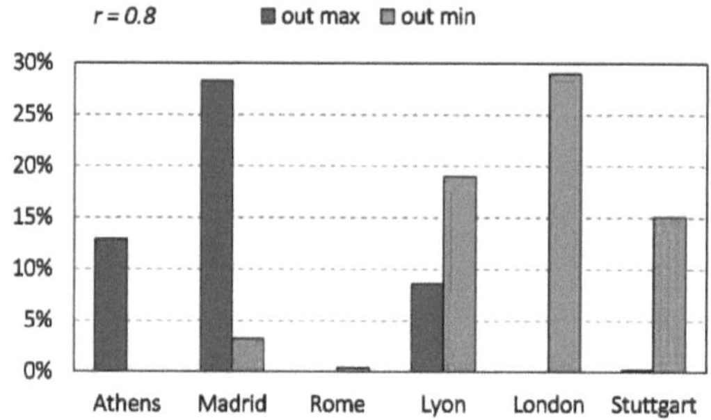

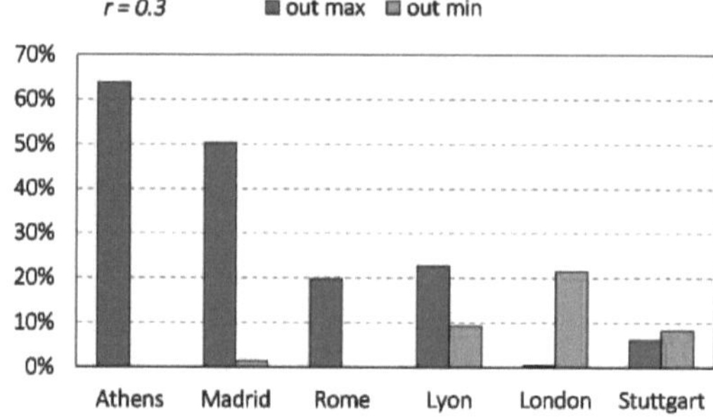

Figura 5.7: Percentagem de horas de desconforto em julho para cada cidade. Em cima: r = 0,8. Em baixo: r= 0,3 [Autor]

5.1.2 Cálculo do índice ITD

Com o objetivo de avaliar as condições de conforto a longo prazo devidas à utilização de materiais frios, em comparação com as alcançadas pelas soluções de cobertura tradicionais, o

Índice ITD definido no Capítulo 4 será calculado para cada cidade representativa de diferentes climas.

Os modelos escolhidos são os *melhores modelos de conforto* descritos na Secção 4.1; estes modelos são ainda analisados através da variação paramétrica das caraterísticas da cobertura consideradas mais importantes para definir o conforto no interior do edifício. Estas caraterísticas, obtidas a partir de simulações preliminares, são a reflectância solar *r*, a transmitância térmica (através da idade de construção) e o rácio telhados-paredes RWR. A emissividade térmica não desempenha o mesmo papel na determinação da ocorrência de conforto, uma vez que os resultados são afectados em menos de 2%, pelo que será considerado constante o valor 0,8.

Este procedimento leva-nos a considerar 54 modelos por cidade. Para facilitar a leitura e comparar os resultados decorrentes da alteração de alguns parâmetros em vez de outros, cada gráfico apresentará o valor do índice ITD (eixo y) para diferentes combinações de reflectância solar *r* (valores do eixo x), RWR (tipo de linha) e idade de construção (cor da linha).

Mais especificamente, as linhas contínuas são utilizadas para RWR = 0,7, enquanto as linhas a tracejado e as linhas contínuas com indicadores circulares são utilizadas para RWR = 0,8 e RWR = 0,9, respetivamente. A cor azul clara é utilizada para as construções anteriores a 1980, a vermelha para as construções posteriores a 1980 e a verde para as novas construções (após 2000).

Desta forma, por exemplo, um telhado construído depois de 1980 e com RWR = 0,9 será identificado por uma linha vermelha com indicadores circulares.

Se olharmos para os resultados do clima seco misto de Atenas (Fig. 5.8), é possível apreciar como o período de construção e a reflectância solar são os parâmetros mais importantes que determinam uma redução no ITD. De facto, quando se passa de uma construção antiga (pré-1980) para uma mais recente (ambas pós-1980 ou após 2000), espera-se uma redução do ITD de cerca de 1000 °Ch para *r* = 0,3.

Estas reduções diminuem com o aumento do valor de *r*: são atingidos valores quase idênticos quando *r* = 0,8, independentemente do período de construção, o que significa que o impacto dos materiais frios *(r > 0,6)* é praticamente o mesmo para todos os períodos de colheita.

Por outro lado, as coberturas frias são mais eficientes quando aplicadas a coberturas mal isoladas, como demonstrado pelos diferentes declives das curvas ITD, o que confirma esta afirmação para cada período de construção.

O rácio telhado-paredes desempenha um papel secundário na redução das ocorrências de sobreaquecimento, especialmente nos edifícios mais recentes em que as curvas de diferentes RWR estão muito próximas umas das outras.

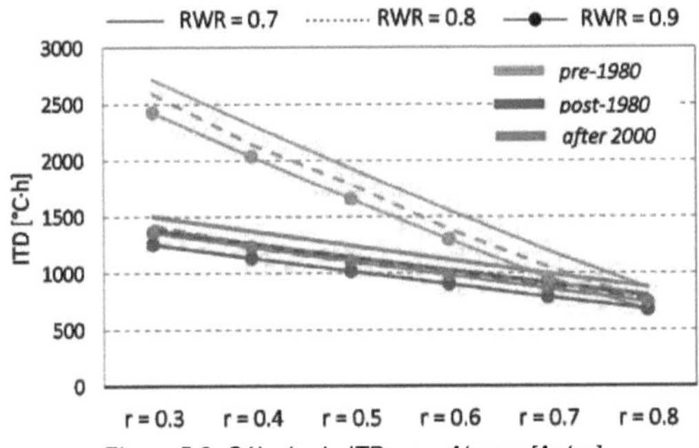

Figura 5.8: Cálculo do ITD para Atenas [Autor]

Resultados ligeiramente diferentes são observados em Madrid (Fig. 5.9): também neste caso a maior redução no ITD ocorre para r = 0,8, mas para este clima quente e seco é mais evidente que o isolamento térmico tem um papel importante na determinação do sobreaquecimento. De facto, os melhores desempenhos dizem respeito a componentes com isolamento moderado (construções posteriores a 1980, linhas vermelhas), enquanto os modelos mais isolados (novas construções, linhas verdes) implicam um aumento do ITD de cerca de 200 °Ch quando se utilizam materiais frios com grande desempenho (0,6 <r< 0,8).

Mais uma vez, não são observadas diferenças importantes devido à variação da RWR para componentes moderados ou bem isolados.

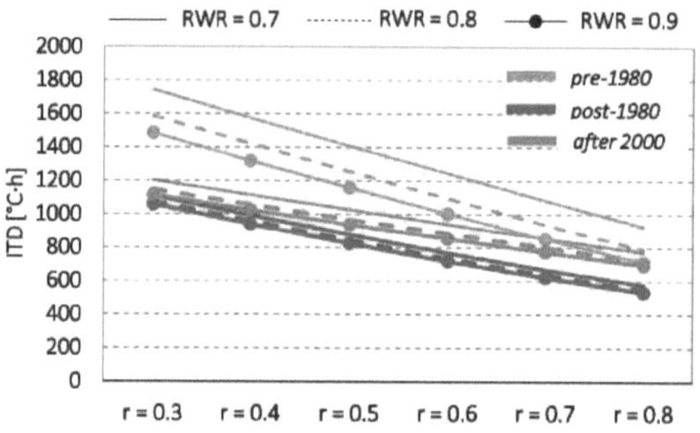

Figura 5.9: Cálculo do ITD para Madrid [Autor]

Quanto à cidade de Roma, a Fig. 5.10 mostra que, para este clima quente e húmido, o número de horas de desconforto é inferior ao de Atenas e Madrid. Tal como nos casos anteriores, a maior redução no ITD deve-se à utilização de materiais altamente reflectores (ITD = 200 °Ch quando r = 0,8 e são utilizadas novas construções). A influência da RWR é mais evidente para coberturas pouco isoladas (linhas azuis claras), para as quais a melhor configuração térmica é a que enfatiza a contribuição da cobertura para o balanço energético do edifício (RWR = 0,9).

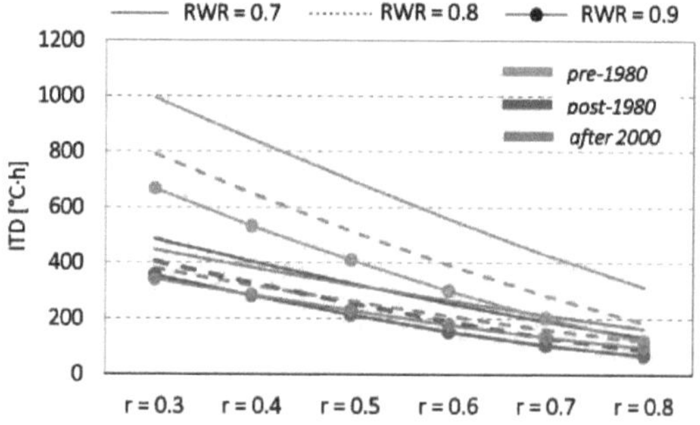

Figura 5.10: Cálculo do ITD para Roma [Autor]

Quando se consideram condições climáticas amenas como as de Lyon (Fig. 5.11), os resultados mostram tendências diferentes das anteriores. Em primeiro lugar, a influência da reflectância solar na redução do sobreaquecimento é menos acentuada do que nos casos anteriores, como demonstrado pelos declives mais baixos de todas as curvas ITD. Em segundo lugar, a RWR parece desempenhar um papel mais importante na melhoria das condições de conforto, uma vez que os modelos com melhor desempenho para cada período de colheita são sempre aqueles com RWR = 0,9 (linhas com indicadores circulares). Por último, valores de r superiores a 0,5 não afectariam significativamente o conforto térmico para os modelos pós-1980 e para as novas construções, embora continuem a ter um forte impacto nos edifícios mais antigos (para r = 0,8, o valor do ITD é quase metade do valor atingido quando r = 0,5).

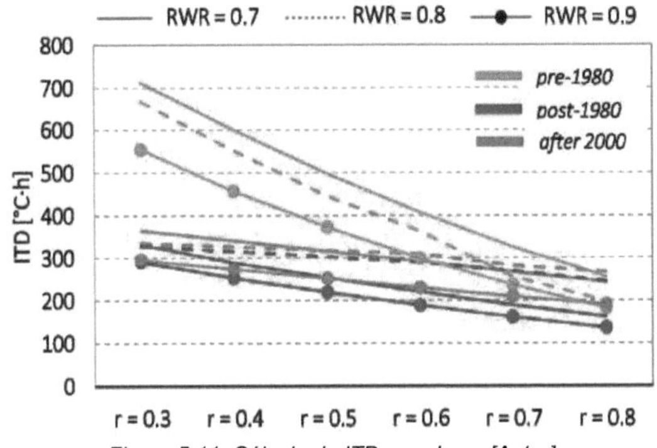

Figura 5.11: Cálculo do ITD para Lyon [Autor]

Os valores mais baixos do ITD e as diferentes tendências do índice ITD são estimados para o clima marinho de Londres (Fig. 5.12). Neste caso, a curva para as construções anteriores a 1980 e para as novas construções intersecta-se em r = 0,6, o que significa que, para *r* > 0,6, as novas construções têm um desempenho pior do que as mais antigas, talvez devido à baixa altura do sol que enfatiza os fluxos de calor através das paredes e janelas em vez de através dos telhados. Por conseguinte, os modelos com melhor desempenho são aqueles com RWR = 0,9.

Também para este clima, as construções moderadamente isoladas (linhas vermelhas) são preferíveis às bem isoladas (linhas verdes) na redução do sobreaquecimento.

No entanto, a magnitude do índice ITD é de longe inferior à dos climas mais quentes acima descritos.

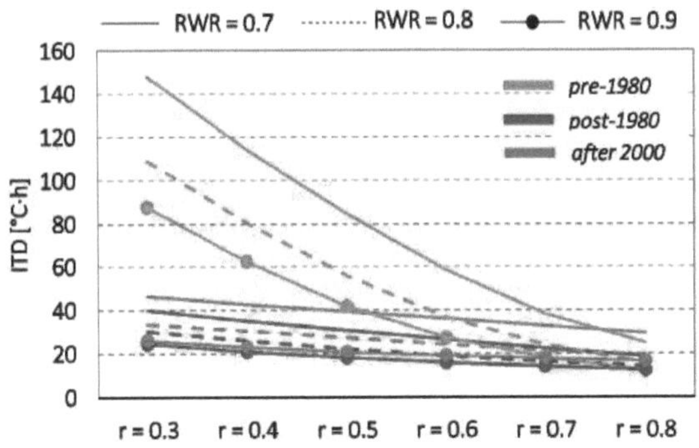

Figura 5.12: Cálculo do ITD para Londres [Autor]

Finalmente, a Fig. 5.13 apresenta os resultados das simulações para o clima frio de Estugarda. Aqui, o papel desempenhado pela reflectância solar na melhoria das condições de conforto é claro para os edifícios antigos (linhas azuis claras), sendo quase insignificante para os mais recentes (linhas verdes e vermelhas), uma vez que para estes últimos a diminuição máxima do ITD é de cerca de 30 °Ch. Também para este clima, os modelos com melhor desempenho são aqueles com RWR = 0,9 e os piores aqueles com RWR = 0,7, enquanto não são mostradas diferenças significativas para bons níveis de isolamento da envolvente (linhas vermelhas e verdes). Isto deve-se às condições climáticas mais frias que tornam menos relevantes as questões de sobreaquecimento no verão em relação às temperaturas frias no inverno.

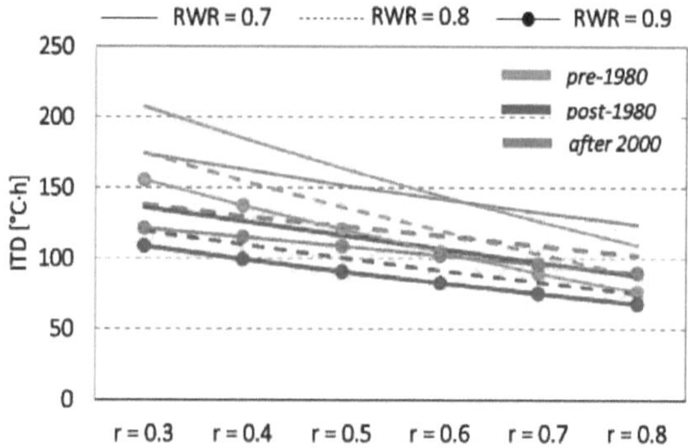

Figura 5.13: Cálculo do ITD para Estugarda [Autor]

A partir da descrição das condições de conforto alcançadas com a utilização de coberturas frias em diferentes climas, torna-se claro que estas podem representar uma solução muito eficaz para reduzir o sobreaquecimento em edifícios pouco isolados localizados em climas moderados a quentes (37°N< l_AT <45°N).

A Fig. 5.14 ilustra este conceito, resumindo os resultados do cálculo do ITD para os melhores modelos de conforto de cada cidade. Os histogramas referem-se a modelos com RWR = 0,7 e comparam o desempenho do telhado altamente refletor *(r*= 0,8, gráfico superior) com o do telhado pouco refletor (r= 0,3, gráfico inferior).

Como se pode observar, a intensidade do desconforto térmico devido ao sobreaquecimento é maior nos climas quentes de Atenas e Madrid: quando *r* = 0,3, o ITD estimado é uma ordem de grandeza superior ao esperado para as cidades frias de Londres e Estugarda, e a mesma tendência é esperada para as coberturas com reflectores elevados *(r* = 0,8).

Confirma-se que, do ponto de vista do conforto estival, os melhores modelos são os mal ou moderadamente isolados (construções anteriores e posteriores a 1980), enquanto as construções bem isoladas (posteriores a 2000) apresentam um comportamento pior.

Para os climas frios analisados neste estudo (45°N< LAT <52°N), as coberturas frias continuam a desempenhar um papel positivo na melhoria das condições de conforto, mas a redução dos fluxos de calor que entram no edifício através da cobertura pode ser prejudicial no inverno para o aquecimento.

Para resolver este problema, a secção seguinte apresentará os resultados das simulações em termos de necessidades de energia primária, mostrando assim se as penalizações por aquecimento podem afetar os benefícios de verão e em que medida.

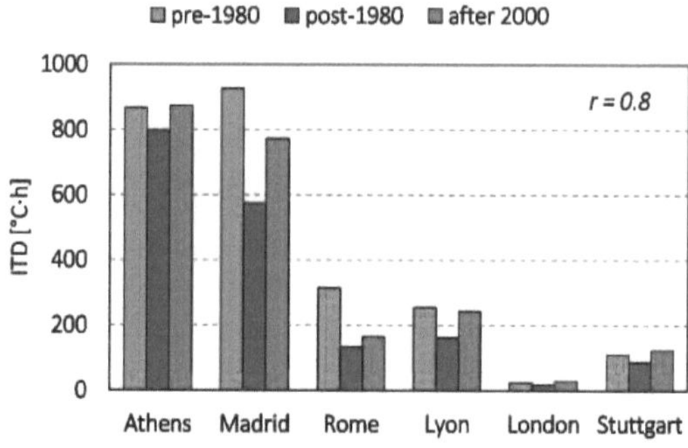

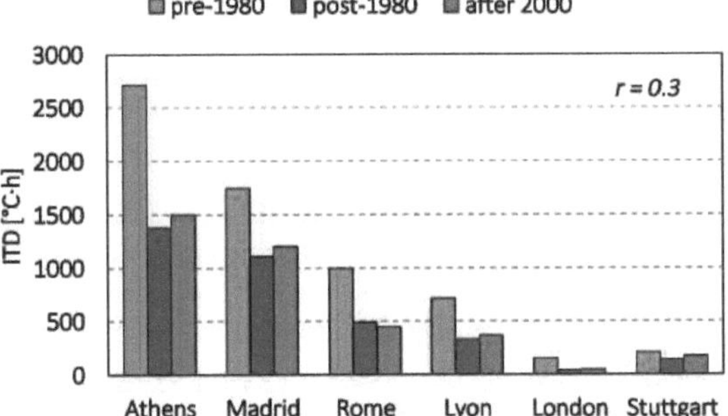

Figura 5.14: Cálculo do ITD para os melhores modelos de conforto. Em cima: r=0,8. Em baixo: r=0,3 [Autor]

5.2 Necessidades energéticas e consumo de energia primária

As simulações das necessidades energéticas têm como objetivo avaliar se é possível obter poupanças de energia com a aplicação de coberturas frias em edifícios existentes. De facto, apesar da sua conveniência em termos de melhoria das condições de conforto, a redução dos fluxos de calor transferidos através da superfície da cobertura pode piorar o desempenho térmico no inverno, aumentando assim as necessidades de aquecimento.

O mesmo procedimento de filtragem descrito na Secção 4.1 foi utilizado para selecionar os modelos a analisar em pormenor, o que levou à definição dos *melhores e piores modelos energéticos* para cada cidade (32 modelos por cidade).

É importante sublinhar que tanto as necessidades de energia para arrefecimento como para aquecimento são tidas em conta na definição dos modelos com melhor/pior desempenho, ou seja, estes modelos são os que apresentam o melhor/pior desempenho em termos de necessidades totais de energia.

De facto, os resultados das simulações mostram que os melhores modelos de aquecimento são sempre diferentes dos melhores modelos de arrefecimento: os primeiros são caracterizados por terem 0,7 < RWR < 0,8, componentes de construção bem isolados (construções novas) e os valores mais baixos de reflectância solar e emissividade térmica (r= 0,3 e £ = 0,8).

Desta forma, os ganhos solares livres são maximizados e armazenados no interior do edifício de forma mais eficaz do que no caso de componentes pouco ou moderadamente isolados (construções pré-1980 e pós-1980), elevado rácio telhado-paredes (RWR = 0,9) e elevados valores de reflectância solar e emissividade térmica (r = 0,8 e s = 0,9), caraterísticas que definem os melhores modelos de arrefecimento.

No entanto, verificou-se que os melhores modelos energéticos se enquadram no mesmo grupo de melhores modelos térmicos e que a emissividade térmica afecta as necessidades energéticas dos edifícios em menos de 3%, pelo que pode ser fixada num valor constante. Isto permite fazer comparações entre o conforto térmico e as necessidades energéticas utilizando os mesmos modelos, esclarecendo assim a conveniência de instalar coberturas frias também em climas amenos e frios para os quais as necessidades de aquecimento podem ser uma grande preocupação.

De facto, é importante notar preliminarmente que as poupanças de energia que se podem obter com a utilização desta tecnologia de arrefecimento passivo dependem fortemente do rácio entre as necessidades de arrefecimento e de energia, calculado para cada modelo e resumido na Tabela 5.1 para cada cidade.

Tabela 5.1: Rácios entre as necessidades energéticas de arrefecimento e aquecimento para diferentes climas [Autor]

Mixed dry	Hot dry	Hot humid	Mixed humid	Marine	Cold
Athens	Madrid	Rome	Lyon	London	Stuttgart
1.24	1	0.2	0.08	0.04	0.03

A partir desta tabela é possível observar como todos os modelos analisados para uma cidade específica apresentam o mesmo rácio arrefecimento/aquecimento, sendo que este valor diminui fortemente com o aumento da latitude do local. Valores muito baixos do rácio de energia, como os encontrados para Lyon, Londres e Estugarda, parecem sugerir que as coberturas frias não teriam um bom desempenho nestes climas.

De qualquer modo, é importante considerar também os sistemas específicos de AVAC utilizados para o arrefecimento e aquecimento do espaço, porque as necessidades de energia primária dependem dos dispositivos mecânicos adoptados.

A discussão que se segue incidirá sobre os mesmos modelos vistos na Secção 4.1 (54 modelos por cidade), adoptando a mesma técnica de representação e considerando as necessidades totais de Energia Primária (EP) - calculadas de acordo com a metodologia descrita na Secção 4.5 - de todas as zonas térmicas do edifício, e não apenas do último piso.

As simulações revelam assim que o clima misto e seco de Atenas (Fig. 5.15) beneficia sempre da aplicação de materiais frios nas coberturas existentes: As necessidades de PE são reduzidas de 335 MWh para 334 MWh quando se passa de *r* = 0,3 para r = 0,8 em edifícios mal isolados (construções anteriores a 1980), ao passo que as reduções de PE são menos pronunciadas para os edifícios mais recentes (linhas vermelhas e verdes), aos quais se aplicam os melhores resultados energéticos. Para estes edifícios, um aumento da reflectância solar do telhado apenas diminuiria ligeiramente as necessidades de PE, o que significa que são necessárias outras estratégias de adaptação para melhorar o seu desempenho energético.

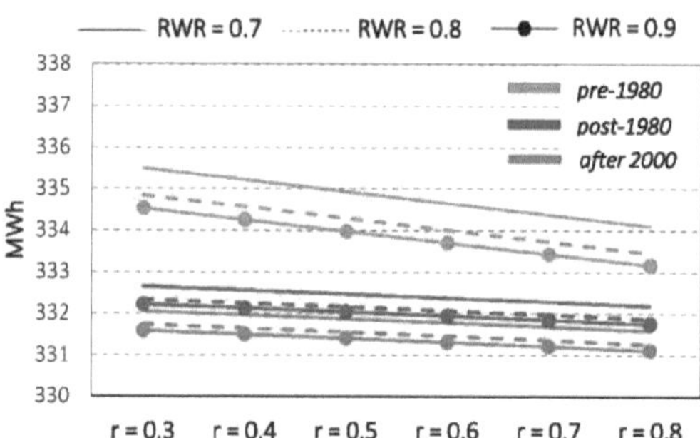

Figura 5.15: Necessidades de educação física para Atenas [Autor]

Os resultados para Madrid (Fig. 5.16) são bastante semelhantes aos de Atenas, exceto no que diz respeito às necessidades mais elevadas de PE devido ao maior aquecimento necessário no inverno. Também para este clima (quente-árido) as coberturas frias podem reduzir ligeiramente o consumo de PE, especialmente para edifícios mais antigos (linhas azuis claras) mal isolados e com um rácio telhado-paredes elevado (RWR = 0,9). Os edifícios mais recentes (linhas vermelhas e verdes) também beneficiam da aplicação de materiais frios, mas em menor grau.

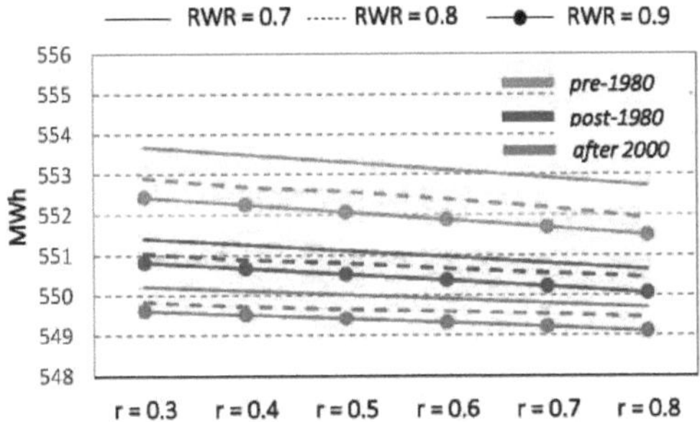

Figura 5.16: Necessidades de educação física para Madrid [Autor]

Se olharmos para os resultados do clima quente-húmido de Roma (Fig. 5.17), as tendências observadas anteriormente para Atenas e Madrid são aqui enfatizadas: esperam-se reduções muito pequenas nas necessidades de PE para as construções pré-1980 e pós-1980 quando se aumenta a reflectância solar de 0,3 para 0,8 (cerca de 0,2 MWh em ambos os casos). Não se registam diferenças apreciáveis para edifícios bem isolados (novas construções, linhas verdes). Mais uma vez, os edifícios com RWR = 0,9 têm melhor desempenho do que os edifícios com RWR = 0,7 + 0,8, porque nestes casos o peso do telhado na definição do balanço energético do edifício é maior.

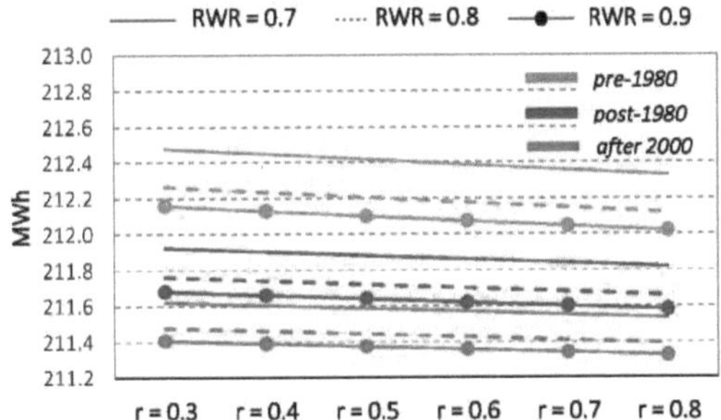

Figura 5.17: Necessidades de educação física para Roma [Autor]

As necessidades de energia primária previstas para Lyon (clima húmido misto, Fig. 5.18) e Londres (clima marinho, Fig. 5.19) são muito semelhantes, bem como as suas tendências energéticas quando se varia a reflexão solar e os níveis de isolamento. De facto, em ambos os casos, o consumo de energia eléctrica é ligeiramente agravado quando se aumenta a reflexão solar do telhado nos edifícios antigos (linhas azuis claras), mantendo-se constante nos edifícios mais recentes (linhas vermelhas e verdes) bem isolados, que são os que apresentam melhor desempenho.

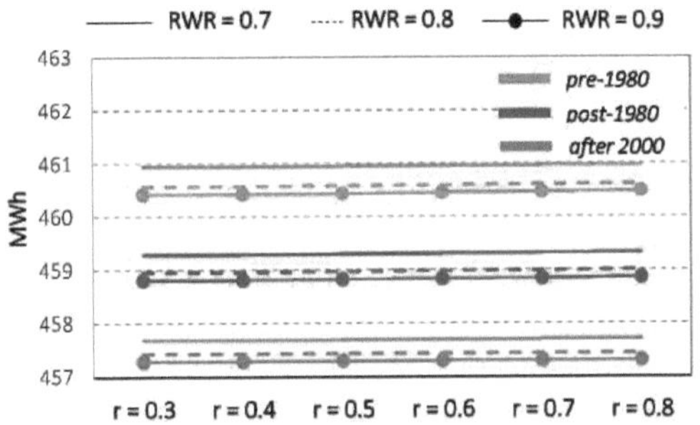

Figura 5.18: Necessidades de educação física para Lyon [Autor]

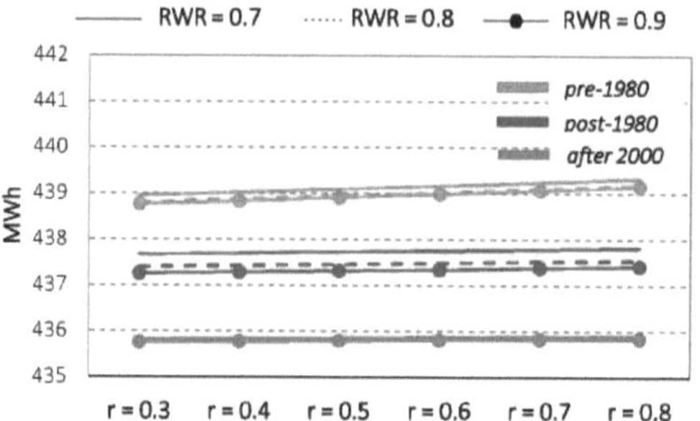

Figura 5.19: Necessidades de educação física para Londres [Autor]

Como esperado, observa-se uma tendência semelhante no clima frio de Estugarda (Fig. 5.20), mas com maiores necessidades de PE devido à elevada carga de aquecimento e à carga de arrefecimento muito baixa (ver também o Quadro 5.1), pelo que não são apresentadas diferenças apreciáveis na Fig. 5.18 para o consumo de PE quando se passa de coberturas pouco reflectoras $(r = 0,3)$ para coberturas muito reflectoras $(r = 0,8)$. A extensão do telhado tem uma influência quase negligenciável, uma vez que as alterações na RWR têm muito pouco impacto em telhados pouco isolados e nenhum em telhados bem isolados.

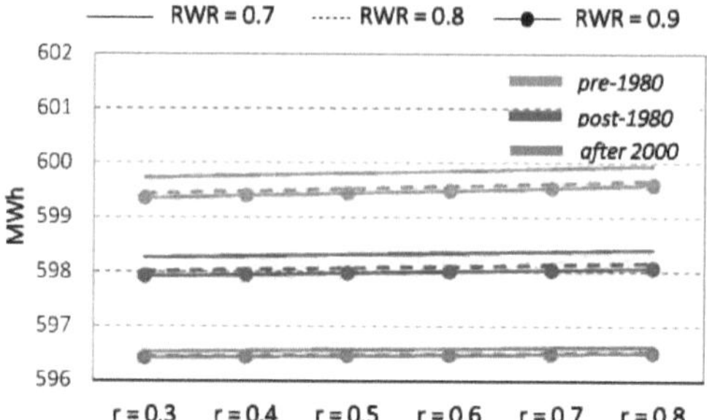

Figura 5.20: Necessidades de educação física para Estugarda [Autor]

A partir da discussão dos resultados de cada cidade, verifica-se claramente que as coberturas frias podem ajudar a reduzir as necessidades de PE para ar condicionado em climas quentes (37°N< LAT <42°N) em edifícios mal isolados, enquanto as reduções para edifícios mais isolados são quase insignificantes. Isto deve-se ao facto de o papel desempenhado pelo telhado na determinação do balanço energético do edifício ser mais evidente para componentes pouco isolados. O rácio telhado-paredes desempenha um papel secundário na definição das necessidades energéticas.

No entanto, estas reduções dificilmente atingem 2% das necessidades totais de PE quando um telhado altamente refletor (r = 0,8) é comparado com um telhado pouco refletor (r = 0,3), e devem-se a poupanças de arrefecimento, enquanto as necessidades de aquecimento são apenas ligeiramente agravadas.

Para os climas mais frios (42°N< I_AT <48°N), a aplicação de materiais frios na cobertura não produziria efeitos ou aumentaria ligeiramente as necessidades energéticas dos edifícios mais antigos (construções anteriores a 1980), não afectando as dos mais recentes (construções posteriores a 1980 e novas construções). Isto deve-se provavelmente à menor altura do sol no céu, que reduz a magnitude dos fluxos de calor através do telhado e, por conseguinte, reduz o seu peso nas necessidades energéticas dos edifícios. Nestes casos, são de esperar pequenas penalizações de aquecimento (sempre inferiores a 1%) quando se utilizam materiais de cobertura com $r > 0,6$.

Concluindo, apesar de as coberturas frias reduzirem sempre a ocorrência de sobreaquecimento em todos os climas - e assim aumentarem o conforto térmico - contribuem pouco para a redução das necessidades de energia de ar condicionado em climas quentes, enquanto não afectam ou aumentam ligeiramente as necessidades de energia em climas frios.

Por estas razões, a secção seguinte tratará de uma análise económica apenas para os climas mais quentes considerados neste estudo.

5.3 Análise económica

A análise económica é efectuada para os modelos discutidos na Secção 5.2, para os quais se obtêm as maiores poupanças de energia após a aplicação de uma cobertura fria. Mais detalhadamente, apenas são considerados os edifícios com isolamento deficiente (construções anteriores a 1980) localizados em climas quentes, uma vez que estes são os únicos modelos que podem proporcionar algumas poupanças de dinheiro no funcionamento do ar condicionado.

Alterando o valor da reflectância solar r, será possível apreciar até que ponto este é o parâmetro-chave para a avaliação da conveniência económica da intervenção.

Por outro lado, a RWR não influencia o declive da tendência da energia (ver Figs. 5.15-5.20), pelo que será mantida num valor fixo nesta análise.

Este esforço é realizado em termos de *período de recuperação descontado*, que tem em conta o valor temporal do dinheiro e do custo da eletricidade, descontando os fluxos de caixa da intervenção.

No período de recuperação descontado, é necessário calcular o valor atual de cada saída de caixa, tomando o início do primeiro período como ponto zero. Além disso, é necessário definir uma taxa de desconto adequada.

A poupança anual de dinheiro Si resultante da poupança anual de energia C é calculada de acordo com a Eq. (5.1):

$$S_i = C \cdot 0.20 \cdot (1+\Delta)^i \qquad\qquad (5.1)$$

Na sua equação, 0,20 é o preço médio da eletricidade [€/kWh] nos países da UE, de acordo com as estatísticas do Eurostat para o segundo semestre de 2014 (consumidores domésticos), e A é o seu aumento anual, fixado em 4,5% de acordo com a análise da tendência do preço médio dos últimos 7 anos.

As poupanças anuais de energia C são calculadas com referência a um "caso de base" com $r = 0,3$ e são fixadas num valor constante. Na realidade, estão a diminuir com o tempo devido ao processo de envelhecimento do material frio aplicado no telhado, como amplamente discutido no Capítulo 3. No entanto, é possível ter implicitamente em conta este processo, referindo um valor de r inferior ao de projeto, especialmente para os materiais que apresentam valores elevados de reflectância solar ($0,7 < r < 0,8$), que são os que apresentam o maior decaimento das propriedades ópticas.

Finalmente, a poupança monetária acumulada no ano n é estimada considerando um valor temporal crescente do dinheiro através da taxa de juro p, fixada em 2% para representar um valor médio das flutuações dos últimos 10 anos:

$$S_n = \sum_i [S_i / (1+p)^i] \qquad\qquad (5.2)$$

Os resultados deste cálculo são apresentados na Fig. 21 para a cidade de Atenas, considerando um custo unitário de instalação de uma cobertura fria que varia entre 10 € m² e 20 € m² (valores médios recolhidos após um estudo de mercado). Isto resultará em custos finais de instalação que variam entre 10000 € e 200000 € (área delimitada por linhas cinzentas a tracejado), uma vez que a superfície do telhado é de 1000 m².

Se introduzirmos o gráfico com o custo de instalação (eixo y), é possível estimar o tempo de retorno atualizado do investimento - ou seja, o tempo após o qual se obtêm poupanças de dinheiro - interceptando as linhas correspondentes a diferentes valores de reflectância solar e lendo assim o tempo de retorno no eixo x.

O que este cálculo evidencia é que a instalação de um telhado frio em edifícios de escritórios existentes não parece ser um investimento assim tão compensador, mesmo para o clima quente de Atenas: para um custo de investimento de 10000 €, atinge-se um tempo de retorno inferior a 24 anos quando r> 0,6, sendo de cerca de 17 anos quando se utiliza um material com um desempenho muito elevado (r = 0,8).

Para custos de instalação mais elevados, o tempo de retorno pode facilmente atingir valores superiores a 26 anos, ultrapassando assim a vida útil nominal prevista para o telhado.

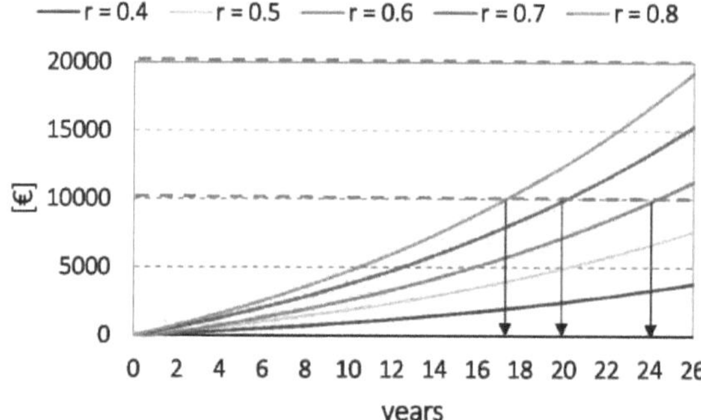

Figura 5.21: Tempo de retorno do investimento na instalação de uma cobertura fria. Atenas [Autor]

Esperam-se resultados piores para todos os outros climas devido à menor poupança de energia estimada, pelo que a avaliação económica não será repetida para eles.

É possível concluir que, do ponto de vista económico, a poupança de dinheiro devido à poupança de energia das coberturas frias dificilmente justifica a instalação de materiais frios, mesmo que estes apresentem um elevado valor de reflectância solar $(r$> 0,6) e sejam aplicados a edifícios mal isolados localizados em climas quentes (37°N< I_AT <40°N). Para valores de r mais baixos, são de esperar tempos de retorno superiores a 20 anos.

6. Conclusões

O objetivo deste livro é a avaliação da aplicação de coberturas frias para melhorar o desempenho térmico de edifícios de escritórios existentes localizados em países da UE.

As acções para melhorar o desempenho térmico nesta tipologia de edifícios suscitaram um grande interesse em todo o mundo nos últimos anos (IEATask 47, inquérito CBECS nos EUA, inquérito BPIE na UE), uma vez que representam aproximadamente 15% do parque de edifícios existentes, mas apresentam necessidades energéticas até 40% superiores às dos edifícios residenciais.

De acordo com o extenso inquérito do BPIE realizado em 2011, 56% dos edifícios de escritórios existentes nos países da UE foram construídos antes de 1980, altura em que não estavam em vigor regulamentos energéticos ou estes eram muito tolerantes, pelo que requerem acções de renovação intensivas.

Entre eles, a aplicação de materiais frios - ou seja, materiais capazes de se manterem frios sob a ação do sol através de elevados valores de reflectância solar e de emissividade térmica - poderia representar uma solução interessante para reduzir o sobreaquecimento ao longo do ano (dados os elevados ganhos internos típicos do sector dos edifícios de escritórios), melhorando assim o conforto térmico dos ocupantes.

No entanto, o desempenho energético resultante da sua utilização também tem de ser avaliado, porque as penalizações prováveis no inverno devido à redução dos fluxos de calor que entram no edifício através da superfície do telhado podem afetar de forma notável as necessidades de aquecimento.

Para avaliar todas estas questões, foi efectuada uma análise paramétrica exaustiva que tem em conta as principais caraterísticas do edifício que afectam o balanço energético das coberturas. Mais detalhadamente, estes parâmetros são a transmitância térmica da envolvente, as propriedades ópticas da camada de acabamento exterior (reflectância solar e emissividade térmica) e o rácio telhado-paredes.

Todas elas foram variadas para um modelo de referência de edifício de escritórios, definido de acordo com as caraterísticas geométricas e térmicas consideradas mais representativas do parque de edifícios de escritórios da UE.

O modelo de referência, juntamente com as suas variações (até 648 por cidade), foram localizados em diferentes cidades representativas de vários climas (desde o clima misto árido de Atenas até ao clima frio de Estugarda) e níveis de isolamento térmico, com o objetivo de descobrir as condições exteriores ideais para a aplicação de coberturas frias .

Os resultados desta análise, realizada com a ajuda de simulações numéricas no EnergyPlus, levaram a analisar 3880 modelos térmicos diferentes, o que levantou a questão de selecionar os resultados considerados mais representativos para os objectivos do estudo.

Após a definição de um procedimento de filtragem, os modelos com melhor desempenho foram selecionados e discutidos extensivamente. Desta discussão resultou que as coberturas frias podem melhorar as condições de conforto, avaliadas através de análises a curto e a longo prazo, adoptando um indicador estatístico adaptado, para todos os climas analisados.

Mais detalhadamente, os maiores benefícios são alcançados em edifícios mal isolados, localizados em climas quentes, quando se utilizam materiais frios de elevado desempenho (valores de reflectância solar até 0,8); não se esperam diferenças relevantes quando se varia a emissividade térmica do telhado dentro da gama 0,8-0,9, que é comum a todos os materiais não metálicos. As caraterísticas geométricas do telhado, como o rácio telhado-paredes, desempenham um papel secundário na determinação do sobreaquecimento das divisões.

Do ponto de vista energético, as necessidades de energia primária foram avaliadas tendo em conta as soluções vegetais habitualmente utilizadas para aquecimento e arrefecimento de espaços.

 Os resultados evidenciam a pouca poupança de energia que é possível obter com a utilização de telhados frios em climas quentes, ao mesmo tempo que não afectam ou pioram ligeiramente as poupanças em climas moderados a frios.

Por fim, para os melhores modelos energéticos, uma análise económica avaliou o tempo de retorno do investimento em relação a um telhado padrão de baixa reflexão, mostrando que são necessários até 17 anos para amortizar os custos de instalação nos melhores cenários.

Em conclusão, as principais conclusões deste esforço podem ser resumidas da seguinte forma:

(i) Os telhados frios são sempre bons para reduzir o sobreaquecimento e melhorar as condições de conforto no verão, seja qual for o clima;

(ii) deve ser efectuada uma avaliação rigorosa das necessidades energéticas, devido às penalizações do aquecimento em climas moderados a frios, também para os edifícios com grandes cargas internas, como os edifícios de escritórios;

(iii) Para climas quentes, os telhados frios podem ser considerados uma tecnologia eficaz e de baixo custo para renovar os telhados existentes. Para climas mais frios, as acções de renovação devem centrar-se mais no isolamento térmico.

Apêndice I - Caraterísticas térmicas do sector dos edifícios de escritórios existentes na UE

Climatic region	Total floor space in EU (Mm2)	Country	OFFICE WEIGHTED AVERAGES - WALL uvalues W/m²/K Pre 1945	1945-1970	1970-1980	1980-1990	1990-2000	Post 2000	Calcu Average	OFFICE WEIGHTED AVERAGES - WINDOWS uvalues W/m²/K Pre 1945	1945-1970	1970-1980	1980-1990	1990-2000	Post 2000	Calcu Average
Southern dry																
	21	Portugal	2.0	2.0	1.6	1.5	1.3	0.8	1.5	4.5	4.5	4.5	4.4	1.6	3.8	3.9
	84	Spain	2.5	2.2	2.2	1.8	1.7	0.9	1.9	5.8	5.8	6.1	3.3	3.3	2.8	4.5
		WEIGHTED avg	[illegible]	[illegible]	[illegible]	[illegible]	[illegible]	[illegible]	1.8	[illegible]	[illegible]	[illegible]	[illegible]	[illegible]	[illegible]	4.4
Mediterranean																
	2	Cyprus	2.1	1.9	1.5	1.5	1.5	1.5	1.7	6.2	6.2	6.2	5.9	2.5	1.6	4.8
	26	Greece	2.5	2.4	2.1	0.8	0.7		1.7	5.1	5.0	5.3	3.7	3.5		4.5
	52	Italy	1.2	1.2	0.8	0.8	0.8		0.9	5.5	5.5	4.9	4.2	3.6	3.6	4.5
	1	Malta	2.0	1.9	1.6	1.6	1.6	1.7	1.7	6.1	6.1	5.9	5.8	5.7	5.3	5.8
		WEIGHTED avg	1.6	1.6	1.2	0.8	0.8	1.6	1.2	5.4	5.4	5.0	4.1	3.5	3.6	4.5
Southern Continental																
	28	Bulgaria	1.6	1.5	1.4	1.3	1.0	0.4	1.2	3.1	3.1	3.1	3.1	2.7	1.9	2.8
	199	France	2.1	2.1	1.2	1.2	1.0	0.4	1.3	5.0	5.0	4.4	3.4	3.3	2.7	3.9
	7	Slovenia	1.4	1.4	1.4	0.9	0.9	0.6	1.1	2.4	2.4	2.1	1.6	1.6	1.6	2.0
		WEIGHTED avg	2.0	2.0	1.2	1.2	1.0	0.4	1.3	4.7	4.7	4.2	3.3	3.1	2.5	3.7
Oceanic																
	25	Belgium	1.9	1.8	1.8	1.7	1.3	0.8	1.5	4.5	4.6	4.2	3.8	3.7	2.3	3.8
	10	Ireland	1.9	1.8	1.8	0.8	0.7	0.3	1.2	4.8	4.8	4.8	3.3	2.9	2.3	3.8
	122	United Kingdom	1.8	1.7	1.3	0.7	0.5	0.4	1.1	4.9	4.9	4.9	4.6	2.7	1.8	4.0
		WEIGHTED avg	1.8	1.7	1.4	0.8	0.6	0.4	1.1	4.8	4.9	4.8	4.4	2.9	1.9	4.0
Continental																
	21	Austria	0.7	0.7	0.6	0.6	0.4	0.3	0.6	3.2	3.4	2.4	2.1	1.4	1.3	2.3
	36	Czech Republic	0.8	0.8	0.7	0.7	0.5	0.4	0.6	2.8	2.8	2.8	2.8	2.0	1.5	2.5
	360	Germany	1.5	1.5	1.2	0.9	0.4	0.4	1.0	2.9	2.9	2.9	1.9	1.6	1.3	2.3
	5	Hungary	1.4	1.2	1.2	0.7	0.7	0.5	0.9	3.0	3.0	3.0	2.7	2.7	2.2	2.8
	1	Luxembourg	1.5	1.5	1.7	0.6	0.6	0.4	1.0	4.5	3.9	3.2	2.0	1.6	1.2	2.7
	47	Netherlands	1.8	1.6	1.6	0.6	0.5	0.4	1.1	3.8	3.7	3.7	3.4	2.9	1.8	3.2
		WEIGHTED avg	1.4	1.4	1.2	0.8	0.4	0.4	0.9	3.0	3.0	2.9	2.1	1.8	1.4	2.4
Northern Continental																
	45	Denmark	1.2	1.0	0.6	0.4	0.4	0.3	0.6	2.6	2.5	2.5	1.4	1.4	1.7	2.0
	8	Lithuania	1.0	0.9	0.6	0.6	0.4	0.3	0.6	2.4	2.4	2.3	2.3	1.9	1.9	2.2
	89	Poland	1.3	1.3	1.3	0.8	0.6		1.1	4.7	3.7	2.6	2.6	2.3	2.1	3.0
	8	Romania	1.9	1.6	1.6	1.4	1.4	1.0	1.5	2.6	2.7	2.7	2.4	2.4	1.3	2.4
	7	Slovakia	1.5	1.0	1.0	0.7	1.1	0.5	1.0	3.2	3.2	2.9	2.9			3.1
		WEIGHTED avg	1.3	1.2	1.0	0.7	0.6	0.4	0.9	3.8	3.2	2.6	2.2	2.0	1.9	2.6
Nordic																
	2	Estonia	0.5	0.5	0.3	0.3	0.2	0.2	0.3	1.8	1.8	1.8	1.1	1.0	1.0	1.4
	16	Finland	0.8	0.6	0.5	0.3	0.3	0.3	0.5	2.4	2.3	2.2	2.0	1.7	1.5	2.0
	4	Latvia	1.0	1.0	1.0	1.0	0.8	0.5	0.9	2.7	2.7	2.5	2.5	2.5	1.8	2.5
	27	Sweden	0.6	0.4	0.3	0.3	0.2	0.2	0.3	3.2	3.1	3.0	2.5	2.5	0.9	2.5
		WEIGHTED avg	[illegible]	[illegible]	[illegible]	[illegible]	[illegible]	[illegible]	0.4	[illegible]	[illegible]	[illegible]	[illegible]	[illegible]	[illegible]	2.3

Climatic region	Total floor space in EU [Mm2]	Country	OFFICE WEIGHTED AVERAGES - FLOOR uvalues W/m²/K						Calcu	OFFICE WEIGHTED AVERAGES - ROOF uvalues W/m²/K						Calcu
			Pre 1945	1945-1970	1970-1980	1980-1990	1990-2000	Post 2000	Average	Pre 1945	1945-1970	1970-1980	1980-1990	1990-2000	Post 2000	Average
Southern dry																
	21	Portugal					1.9	0.8	1.4	2.5	2.8	2.8	2.7	1.5	1.2	2.2
	84	Spain	2.5	2.5	2.5	0.8	0.8	0.8	1.7	1.4	1.4	1.4	1.0	0.9	0.6	1.1
		WEIGHTED avg							1.6							1.4
Mediterranean																
	2	Cyprus										3.4	3.5	0.5	0.7	2.0
	26	Greece	0.7	0.7	0.7	0.7	0.7	0.8	0.7	3.2	3.0	2.7	0.7	0.5	0.6	1.8
	52	Italy	0.8	0.8	0.5	0.5	0.5	1.4	0.8	1.3	1.3	0.8	0.8	0.8		1.0
	1	Malta	2.6	2.6	2.4	2.0	2.1	2.3	2.3	1.7	1.7	2.0	2.0	1.7	2.1	1.9
		WEIGHTED avg	0.8	0.8	0.6	0.6	0.6	1.2	0.8	1.9	1.9	1.5	0.9	0.7	0.6	1.3
Southern Continental																
	28	Bulgaria	1.0	1.0	1.0	0.8	0.6	0.5	0.8	1.0	1.2	1.1	1.1	0.6	0.3	0.9
	199	France	1.8	1.8	1.8	1.0	0.8	0.4	1.2	1.8	1.8	1.0	0.8	0.6	0.3	1.0
	7	Slovenia	1.1	1.1	0.9	0.8	0.8	0.5	0.9	1.2	1.2	0.9	0.8	0.8	0.5	0.9
		WEIGHTED avg	1.6	1.6	1.6	0.9	0.8	0.4	1.2	1.6	1.7	1.0	0.8	0.6	0.3	1.0
Oceanic																
	25	Belgium	0.8	0.8	1.0	0.9	0.8	0.7	0.8	2.0	2.0	2.2	1.2	0.9	0.7	1.5
	10	Ireland								0.8	0.9	0.8	0.4	0.4	0.4	0.6
	122	United Kingdom	2.0	1.7	1.4	1.1	0.5	0.3	1.2	1.9	1.8	0.9	0.5	0.3	0.2	1.0
		WEIGHTED avg	1.8	1.5	1.3	1.1	0.5	0.3	1.0	1.9	1.8	1.1	0.6	0.4	0.3	1.0
Continental																
	21	Austria	1.2	1.5	1.0	0.6	0.5	0.5	0.9	1.1	0.7	0.6	0.4	0.3	0.2	
	36	Czech Republic	1.5	1.0	0.8	0.8	0.6	0.4	0.9	0.8	0.6	0.5	0.5	0.4	0.2	0.5
	360	Germany	1.2	1.2	0.9	0.4	0.4	0.4	0.7	1.0	1.0	0.8	0.5	0.3	0.3	0.6
	5	Hungary	1.0	1.0	1.0	0.8	0.8	0.5	0.9	1.4	1.4	1.0	0.7	0.7	0.3	0.9
	1	Luxembourg	1.5	1.2	0.6	0.6	0.5	0.5	0.8							
	47	Netherlands	2.0	1.7	1.5	1.0	0.9	0.5	1.3	2.1	1.7	1.2	0.7	0.5	0.5	1.1
		WEIGHTED avg	1.3	1.2	0.9	0.5	0.5	0.4	0.8	1.1	1.0	0.8	0.5	0.3	0.3	0.7
Northern Continental																
	45	Denmark	0.8	0.6	0.6	0.5	0.5	0.3	0.5	0.5	0.5	0.3	0.2	0.2	0.2	0.3
	8	Lithuania				0.4	0.3	0.3	0.3	0.7	0.7	0.7	0.7	0.3	0.2	0.5
	89	Poland	1.6	1.2	1.2	1.1	1.0	0.7	1.1	1.0	0.9	0.7	0.5	0.3		0.7
	8	Romania	1.4	1.4	1.4	1.1	1.0	1.0	1.2	1.1	1.2	1.2	1.2	1.1	0.0	1.0
	7	Slovakia	1.5	1.5	1.5	1.5	1.4	1.1	1.4	1.6	0.7	0.7	0.5	0.5	0.0	0.6
		WEIGHTED avg	1.3	1.0	1.0	0.8	0.8	0.6	0.9	0.9	0.8	0.6	0.4	0.3	0.1	0.6
Nordic																
	2	Estonia	0.4	0.4	0.4	0.3	0.2	0.2	0.3	0.4	0.4	0.4	0.2	0.2	0.2	0.3
	16	Finland	0.6	0.5	0.4	0.3	0.3	0.3	0.4	0.5	0.4	0.3	0.2	0.2	0.2	0.3
	4	Latvia	1.0	1.0	1.0	1.0	1.0	0.3	0.9	1.0	1.2	1.2	1.2	1.0	0.5	1.0
	27	Sweden	0.2	0.2	0.2	0.2	0.2	0.2	0.2	0.3	0.4	0.2	0.2	0.1	0.0	0.2
		WEIGHTED avg	0.4	0.4	0.4	0.4	0.3	0.1	0.3	0.4	0.4	0.3	0.3	0.2	0.1	0.3

Apêndice II - necessidades energéticas para os modelos de referência de edifícios de escritórios

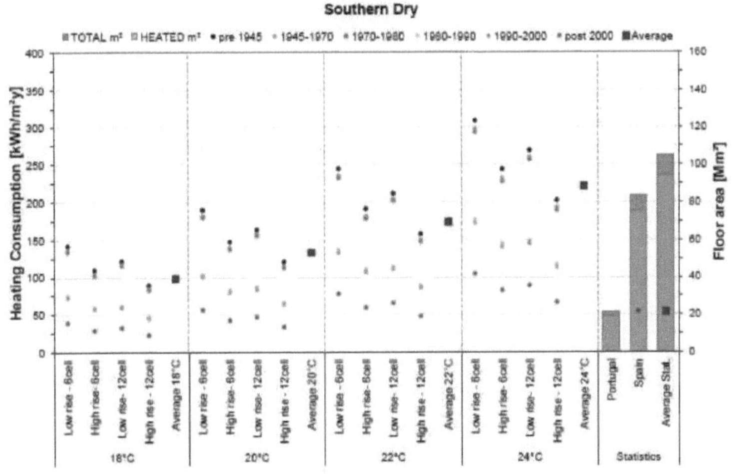

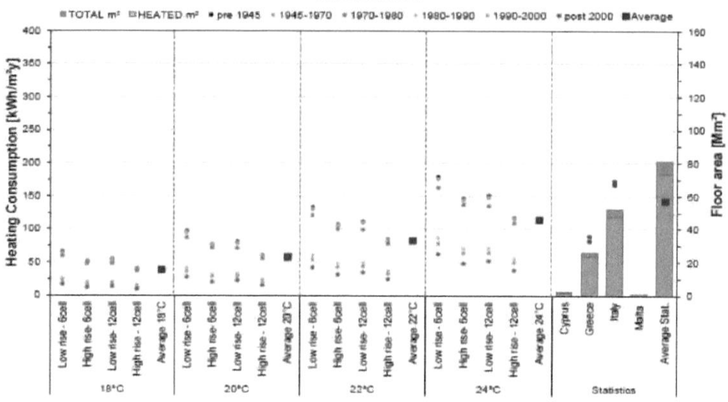
Mediterranean
TOTAL m² HEATED m² pre 1945 1945-1970 1970-1980 1980-1990 1990-2000 post 2000 Average
Heating Consumption [kWh/m²y]
Floor area [Mm²]
Low rise - 6cell High rise - 6cell Low rise - 12cell High rise - 12cell Average 18°C
18°C
Low rise - 6cell High rise - 6cell Low rise - 12cell High rise - 12cell Average 20°C
20°C
Low rise - 6cell High rise - 6cell Low rise - 12cell High rise - 12cell Average 22°C
22°C
Low rise - 6cell High rise - 6cell Low rise - 12cell High rise - 12cell Average 24°C
24°C
Cyprus Greece Italy Malta Average Stat.
Statistics

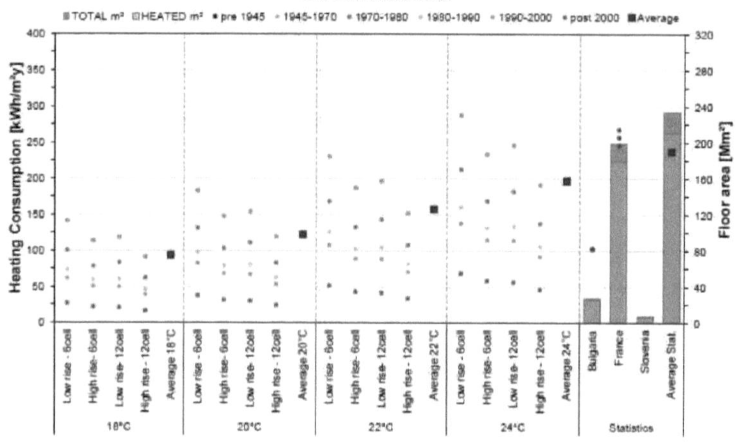
Southern Continental
TOTAL m² HEATED m² pre 1945 1945-1970 1970-1980 1980-1990 1990-2000 post 2000 Average
Heating Consumption [kWh/m²y]
Floor area [Mm²]
Low rise - 6cell High rise - 6cell Low rise - 12cell High rise - 12cell Average 18°C
18°C
Low rise - 6cell High rise - 6cell Low rise - 12cell High rise - 12cell Average 20°C
20°C
Low rise - 6cell High rise - 6cell Low rise - 12cell High rise - 12cell Average 22°C
22°C
Low rise - 6cell High rise - 6cell Low rise - 12cell High rise - 12cell Average 24°C
24°C
Bulgaria France Slovenia Average Stat.
Statistics

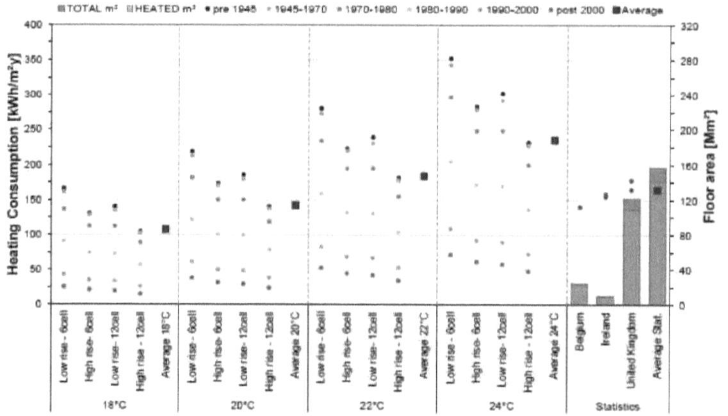
Oceanic
TOTAL m² HEATED m² pre 1945 1945-1970 1970-1980 1980-1990 1990-2000 post 2000 Average
Heating Consumption [kWh/m²y]
Floor area [Mm²]
Low rise - 6cell High rise - 6cell Low rise - 12cell High rise - 12cell Average 18°C
18°C
Low rise - 6cell High rise - 6cell Low rise - 12cell High rise - 12cell Average 20°C
20°C
Low rise - 6cell High rise - 6cell Low rise - 12cell High rise - 12cell Average 22°C
22°C
Low rise - 6cell High rise - 6cell Low rise - 12cell High rise - 12cell Average 24°C
24°C
Belgium Ireland United Kingdom Average Stat.
Statistics

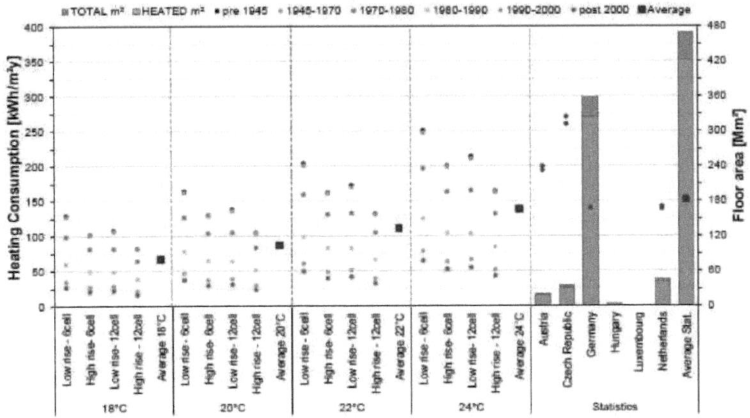

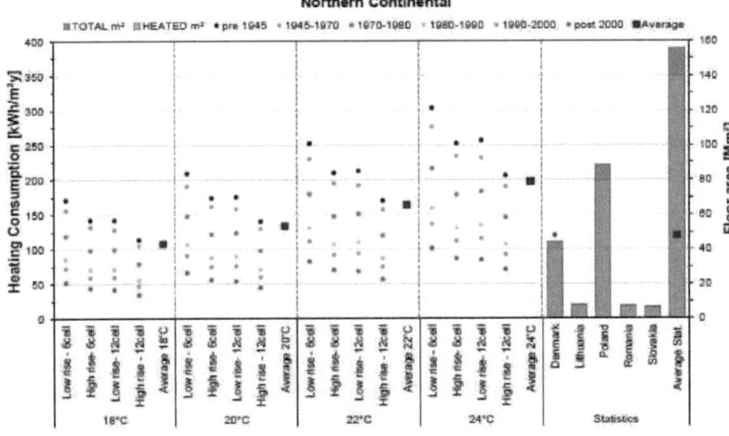

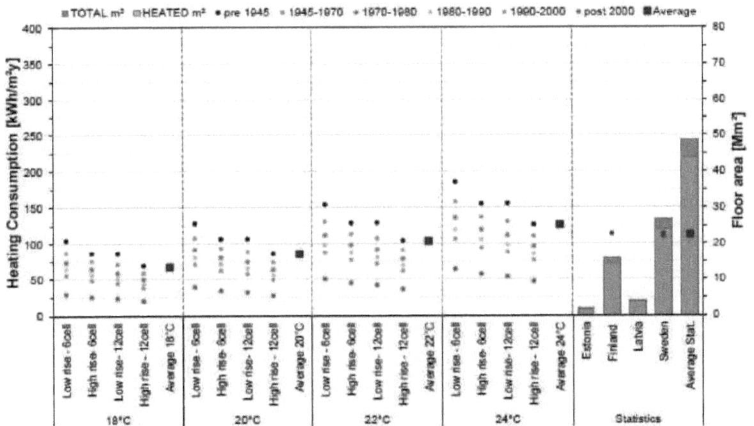

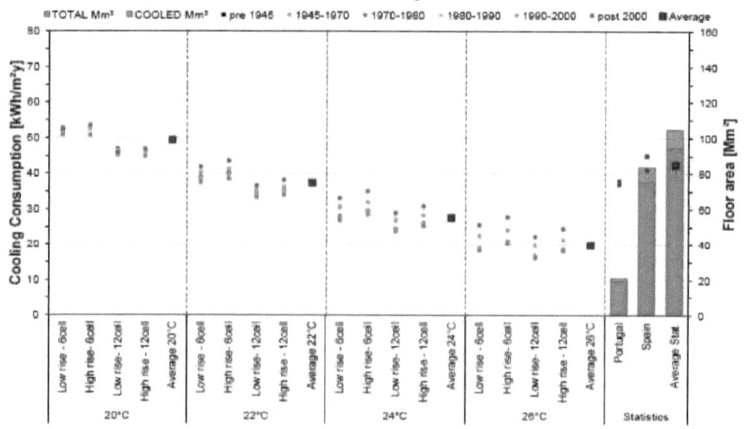

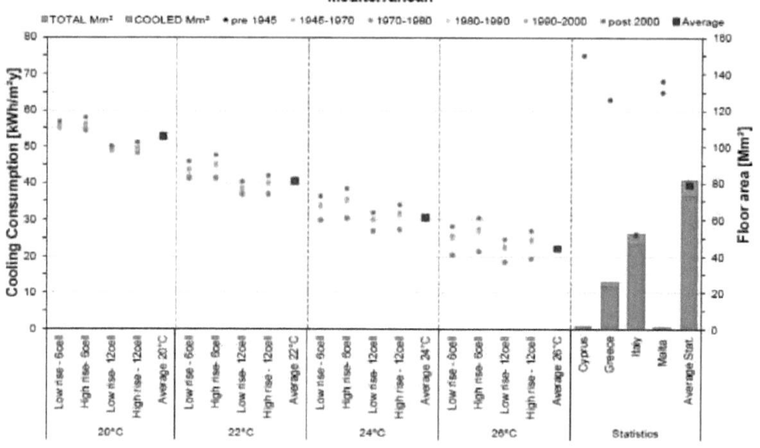

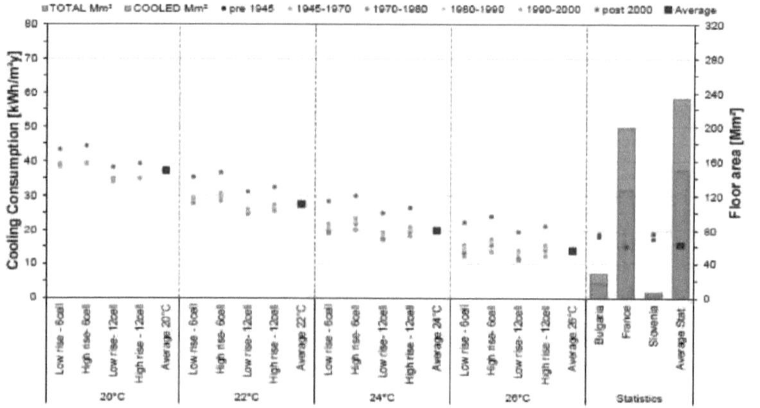

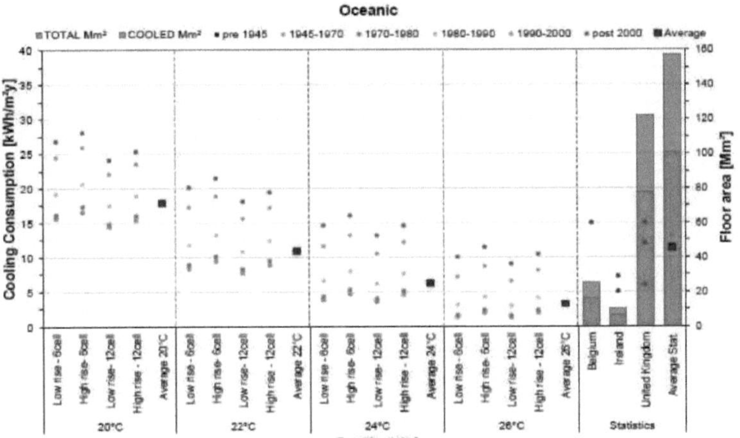

93

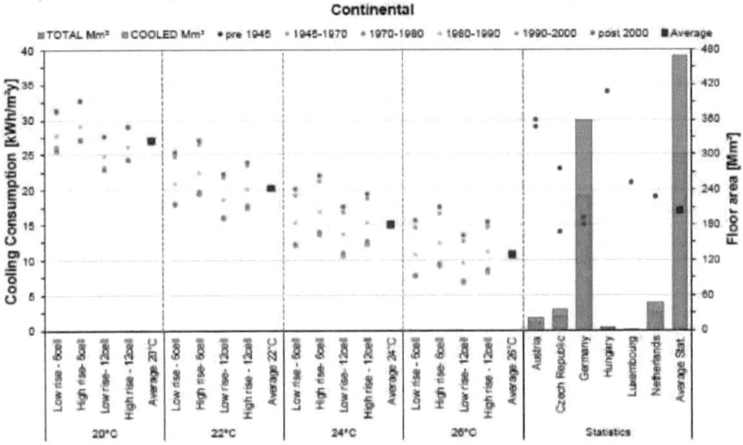

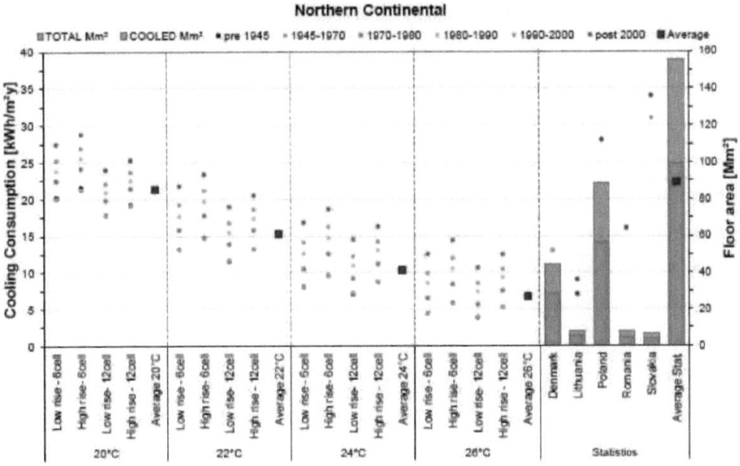

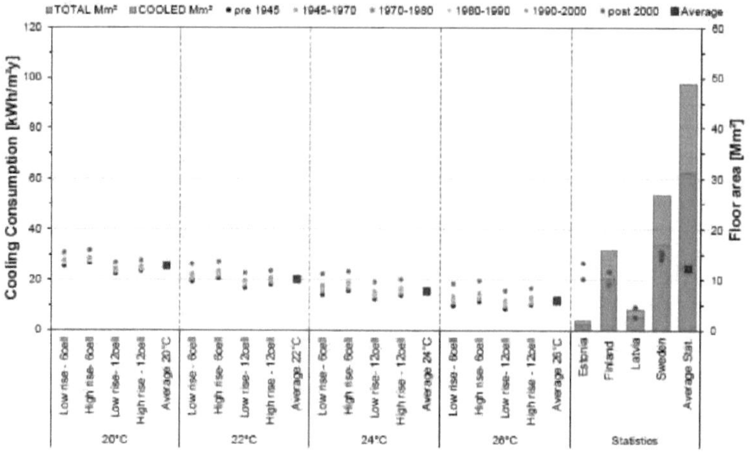

Nordic
Cooling Consumption [kWh/m²y]
Floor area [Mm²]
TOTAL Mm²   COOLED Mm²   pre 1945   1945-1970   1970-1980   1980-1990   1990-2000   post 2000   Average
120
100
80
60
40
20
0
60
50
40
30
20
10
0
Low rise - 6cell
High rise- 6cell
Low rise- 12cell
High rise - 12cell
Average 20°C
20°C
Low rise - 6cell
High rise- 6cell
Low rise- 12cell
High rise - 12cell
Average 22°C
22°C
Low rise - 6cell
High rise- 6cell
Low rise- 12cell
High rise - 12cell
Average 24°C
24°C
Low rise - 6cell
High rise- 6cell
Low rise- 12cell
High rise - 12cell
Average 26°C
26°C
Estonia
Finland
Latvia
Sweden
Average Stat.
Statistics